Peter Hertel
Gelöste Rätsel alter Erdkarten

Geographische Bausteine

Begründet von Nationalpreisträger Prof. Dr. H. Haack

Neue Reihe, Heft 40

Peter Hertel

Gelöste Rätsel alter Erdkarten

Hermann Haack Verlagsgesellschaft mbH
Geographisch-Kartographische Anstalt Gotha
1991

Lektor: Dipl.-Geogr. ROLF SCHADEBERG

Titelbild: Erdkarte nach ERATOSTHENES (um 200 v. u. Z.)

ISBN 3-7301-0655-4

1. Auflage
Hermann Haack Verlagsgesellschaft mbH Gotha, 1991
VLN 1001, (7933)
Printed in Germany
Lichtsatz: Karl-Marx-Werk Pößneck V 15/30
Druck und buchbinderische Weiterverarbeitung: Mühlhäuser Druckhaus
Einband: PETER KUHR
Hersteller: PETER KUHR
Redaktionsschluß: Januar 1990
LSV 5199
Best.-Nr. 9669821/Hertel, Raetsel/Geobau 40

Inhaltsverzeichnis

Vorwort

Im Jahre 1981 erschien im gleichen Verlag die erste Auflage des Titels „Ungelöste Rätsel alter Erdkarten". Inzwischen sind zehn Jahre vergangen, und der Autor möchte in diesem Baustein über Fortschritte bei der Lösung der Rätsel alter Erdkarten berichten. Nach Jahren einer gewissen Stagnation im Erkenntnisprozeß – so ignorierten einige Wissenschaftler die Rätsel auf alten Karten überhaupt – hat sich doch mehr und mehr die Ansicht durchgesetzt, daß die alten Erdkarten eine Fülle von ungelösten Fragen beinhalten und daß man sich diesen Fragen durchaus mit wissenschaftlichen Methoden zuwenden kann, ja zuwenden muß! Es geht immerhin um nichts Geringeres als um die Kulturgeschichte der Menschheit, zu deren Erforschung die Kartographie noch viel mehr beitragen kann als bisher. Die Kartographie wird in diesem Baustein als eine Wissenschaft verstanden, die raumbezogene Sachverhalte und Erscheinungen registriert und bewahrt. Oft sind es nur noch die Karten oder gar ihre Kopien oder Beschreibungen, die uns von den heute kaum vorstellbaren Leistungen der vor Jahrtausenden lebenden Entdeckungsreisenden, Völkerkundler, Landvermesser und Navigatoren berichten.

Gegenwärtiges Unverständnis für die Leistungen unserer Vorfahren entsteht aus einer Unterschätzung des damals vorhandenen Wissens und der praktischen Fähigkeiten. Das ist leider auch der Grund für die immer noch große Popularität der Theorie eines ehedem stattgefundenen Besuches von Außerirdischen auf der Erde. Es gibt immer noch zu wenig Informationen über unsere fernen Vorfahren, deshalb können wir uns vieles, was sie leisteten, nicht erklären. So fällt es heute noch manchem leichter, an die Außerirdischen, als an die Fähigkeiten unserer Vorfahren zu glauben.

Der Autor möchte in diesem Geographischen Baustein zeigen, daß Geographen und Kartographen schon vor Beginn unserer Zeitrechnung über viele Erkenntnisse verfügten, die sie sammelten und auswerteten. Auch auf die Gefahr hin, schon im Vorwort einige Leser zu enttäuschen, möchte ich gleich feststellen, daß es heute leider noch nicht möglich ist, alle konkreten Fragen, die alte Erdkarten aufwerfen, direkt zu beantworten. Die Kenner der Problematik werden dies sicher auch nicht erwarten. Wir können uns aber ein breites Wissen über die Antike verschaffen, um zu verstehen, daß viele Rätsel alter Erdkarten nur deshalb Rätsel geworden sind, weil uns heute viele Informationen über die Vergangenheit fehlen.

In diesem Sinne soll im folgenden mit dem Bekanntmachen der antiken Wissenschaft eine indirekte Beantwortung vieler Fragen versucht werden. *Das Wissen der Vorzeit liegt in den Werken der Antike verborgen.* Dieser Satz ist nicht nur eine banale Feststellung, sondern Realität. Will man vorhandenes Wissen über die Antike hinaus rekonstruieren, so muß man sich mit der Literatur der Griechen und Römer auseinandersetzen. Ältere Relikte aus vorantiker Zeit können leider nur selten zu Rate gezogen werden, da viele dieser Zeitzeugen unwiederbringlich verlorengegangen sind.

Ich danke an erster Stelle wiederum den Mitarbeitern der Sächsischen Landesbibliothek in Dresden, hier besonders Frau SABINE FÜGNER. Ohne die „Bewahrer des Wissens" und ihre unermüdliche Hilfe bei der Suche und Beschaffung der Literatur wäre diese Arbeit nicht möglich gewesen. Weiterhin gilt mein Dank Frau SYLVIA GERNITZ für ihre umfangreiche Hilfe bei der Korrektur und dem Schreiben des Manuskriptes. Dem Kollegenkreis des Verlages in Gotha möchte ich Dank für die Lektorierung und Herstellung des Titels sagen. Für konstruktive und weiterführende Hinweise bin ich jederzeit dankbar.

Tharandt, im Mai 1989   Peter Hertel

Die Rätsel der Erdkarten

„So wird uns die weitere Erforschung der Geschichte unserer Zivilisation, insbesondere der Verlauf der geographischen Entdeckungen unter der Abkehr vom Eurozentrismus ebenso wie die richtige Einschätzung all der Möglichkeiten, die den einst sehr naturverbunden lebenden Menschen in der Frühzeit der Entdeckungen zur Verfügung standen, aber auch die detaillierte Untersuchung des vorhandenen Kartenmaterials, die Entdeckung neuer Quellenkarten und eine Verfolgung der Entstehungsgeschichte der alten Erdkarten immer mehr zu den Antworten auf die Fragen führen, die die Rätsel alter Karten uns stellen." Mit dieser Feststellung endete der Titel „Ungelöste Rätsel alter Erdkarten" (HERTEL und KLÜGEL-HERTEL 1988, S. 95). Der Verfasser möchte den Leser, der dieses Buch nicht kennt, in diesem Kapitel zunächst mit der Problematik vertraut machen.

Daß wir von den Rätseln der Erdkarten in diesem Umfang Kenntnis haben, verdanken wir – und das ist durchaus nett gemeint – den Autoren, die die phantastische Hypothese verbreiten, daß die Erde in der Vergangenheit Besuche aus dem Kosmos erhalten habe. Die Außerirdischen sollen die Erde fotografiert haben, und die Kopien ihrer Fotos seien irgendwann den Kartographen des Altertums in die Hände gefallen.

Durch aktuelle Forschungsergebnisse wurden die alten Karten noch rätselhafter. So stellten Geologen fest, daß es zwischen dem Kaspischen Meer und dem Arktischen Ozean, also über eine Entfernung von rund 2500 km, in vorgeschichtlicher Zeit eine Verbindung gab (HERTEL und KLÜGEL-HERTEL 1988, S. 50). Diese Erkenntnis konnte durch eine sorgfältige Auswertung des geologischen Profils unter Einbeziehung zahlreicher anderer Hinweise gewonnen werden. Auf der Erdkarte des ERATOSTHENES um 300 v.u.Z. (!) ist diese riesige Meeresbucht eingezeichnet. Noch ein zweites Beispiel: Die Sahara, heute Sandwüste in glühender Sonnenhitze, war vor 10000 Jahren, als in Nordeuropa die letzte Eiszeit sich dem Ende zuneigte, ein blühendes Land mit Flüssen, Seen und Wäldern. Dies wurde erst in der Gegenwart bekannt durch geographische und klimatologische Untersuchungen in Verbindung mit archäologischen Relikten (Felsbilder des Tassili-Gebirges). Es gibt jahrhundertealte Karten Nordafrikas, auf denen genau diese Situation dargestellt ist. Weiter: Auf der Karte des ORONTEUS FINAEUS aus dem Jahre 1531 ist die Antarktis als geschlossener großer Kontinent gezeichnet, als erster Europäer überfuhr aber erst im Jahre 1772 JAMES COOK den südlichen Polarkreis. Nach Untersuchungen von HAPGOOD (HERTEL und KLÜGEL-HERTEL 1988, S. 60 f.) ist die Zeichnung des FINAEUS exakt. Die Abweichungen der geographischen Orte, in Länge und Breite ausgewiesen, sind gegenüber der tatsächlichen Lage minimal.

Zu den Karten mit den meisten „Rätseln" gehört die des PIRI REIS aus dem Jahre 1513. Hier sind viele ungelöste Fragen auf einem Blatt vereinigt, und der Autor hat sich umfassend in den „Ungelösten Rätseln alter Erdkarten" damit befaßt. Auf dem Gebiet der heutigen Antarktis, im Süden der geheimnisvollen Karte, ist in der Legende zu lesen: „. . . diese Gegend ist unbewohnt, alles ist wüst, und es soll hier große Schlangen geben. Aus diesem Grunde sollen auch die portugiesischen Ungläubigen an dieser Küste nicht an Land gegangen sein. Und diese (Küsten) sollen auch sehr heiß sein" (zitiert nach AKCURA 1933, S. 10). Die Antarktis, seit Menschengedenken unter einer dicken Eisdecke verborgen, wurde als heiß und von Schlangen bewohnt charakterisiert! Das kann doch nur die Unfähigkeit oder die Dummheit des Kartenzeichners beweisen! Kann es das wirklich?

Bleiben wir aber zunächst bei unserem Leitsatz: Unsere Vorfahren haben auch auf den Gebieten der Geographie und Kartographie viel mehr geleistet, als man ihnen nach unserem heutigen Wissensstand oft zutraut. Unter diesem Blickwinkel betrachtet, erscheinen die Leistungen der Menschen in der Vergangenheit in einer neuen Sicht. Wir sollten auch davon ausgehen, daß sich der Mensch mit seinen vielfältigen positiven und negativen Eigenschaften, seiner Begeisterungsfähigkeit, aber auch seiner Sammlerleidenschaft, seinem Drang nach Erkenntnis, seinem Streben nach Erfolg und mit seiner Suche nach den Antworten auf die Fragen des Lebens über Jahrtausende hinweg nicht allzuviel verändert hat. Es gibt gerade in der Geschichte der Kartographie einige herausragende Persönlichkeiten, deren ganzes Streben darin bestand, möglichst viele Informationen zu sammeln, auszuwerten und auf Karten der Nachwelt zu erhalten. Ihnen ist es ganz besonders zu verdanken, daß uns noch heute soviel Material zur Verfügung steht. Schließlich muß man auch an die Personen denken, die immer wieder versucht haben, das Endprodukt der Kartographie, die Karte, zu schützen. Wir sollten dabei nicht vergessen, daß die Karte vor der Erfindung des Buchdrucks nur in einem oder wenigen Exemplaren vorlag. Ihre Vernichtung bedeutete auch die Vernichtung des in ihr gespeicherten Wissens.

Antike Informationsspeicher und ihr Schicksal

Die planmäßige Vernichtung von Wissen kann man zu den traurigsten Kapiteln menschlicher Geschichte rechnen. Viele Jahrtausende dauerte es, bis die Menschen eine Schrift entwickelt hatten und geeignete Trägermaterialien fanden. Auf unzähligen Tontafeln, Papyrusstreifen und Pergamenten hielt man alles Wesentliche fest. Große Wissensspeicher, wir nennen sie heute „Bibliotheken", gibt es schon seit Jahrtausenden. Eine der frühesten ist sicher die Keilschriftsammlung von Ebla. Der Archäologe Matthiae fand 1963 bei Grabungen im Tell Mardich Reste einer Stadt aus den letzten Jahrhunderten des dritten Jahrtausends v. u. Z. In einem Raum entdeckten die Forscher über 1 000 Tontafeln, beschrieben in einer besonderen, bis dahin unbekannten Keilschrift. Wir bezeichnen sie heute nach dem Namen der Stadt als Eblatisch. Der erste Fund war nur die Einstimmung. In einem zweiten Raum, dem Archivsaal, fünf mal drei Meter groß, fand man an drei Wänden, an denen jeweils drei übereinander befindliche Regalbretter angeordnet waren, insgesamt 14 000 Tafeln, darunter regelrechte Wörterbücher, einhundert Tafeln teils in Sumerisch, teils in Eblatisch. Geographische Abhandlungen führen die Namen von interessanten Orten auf, darunter Gaza, Beirut, Sodom und Gomorrha.

Eine nur unwesentlich jüngere Bibliothek kennen wir schon seit den Grabungen von Bota im Jahre 1843. Der Ort wird bereits in der Bibel erwähnt. Im Palast der Stadt Ninive wurden in einem 24 × 14 Meter großen Raum mehr als 30000 Tontafeln gefunden, die auf gemauerten Sockeln und Regalen gelagert waren. Sie stammen aus dem Staatsarchiv des Königs Assurbanipal, der von 668 bis 626 v. u. Z. regierte. Der König hatte für sein Archiv kostbare Texte, die bis ins zweite und dritte Jahrtausend zurückgehen, erworben und auch kopieren lassen, darunter das älteste literarische Werk der Menschheit, das Gilgamesch-Epos. Die Keilschriftkopien trugen den Ortsnamen der Originalausgabe und den Hinweis, daß Vorlage und Abschrift noch einmal verglichen wurden. 20000 dieser Tontafeln befinden sich heute im Britischen Museum in London (Ekschmitt 1968, S. 24).

Im zweiten Jahrhundert v. u. Z. war Pergamon das geistige Zentrum des kleinasiatischen Raumes. König EUMENES II. SOTER (Regierungszeit 197–159 v. u. Z.) war ein richtiger Büchernarr und hatte seine Sammlung auf 20000 Exemplare erweitern können. Die Römer erkannten die Gefahr nach dem Motto „Wissen ist Macht" und sperrten die Papyruseinfuhr. Den wissensdurstigen Bürgern Pergamons gelang aber die Herstellung einer Schreibunterlage aus getrockneter Tierhaut, und sie nannten sie zur Erinnerung an ihre Stadt „Pergament". MARCUS ANTONIUS konfiszierte schließlich anläßlich einer Kriegshandlung die Bestände und schenkte sie – welches Ende einer Bibliothek! – einer Frau: KLEOPATRA.

Die umfangreichste und bedeutendste Schriftensammlung der Antike befand sich jedoch in Alexandria und war dem Museion (Musensitz), einem der Wissenschaft und den Künsten geweihten Ort, angeschlossen. 700000 Papyrusrollen, je 20 bis 40 cm breit und ca. 10 m lang, enthielten je 10000 bis 20000 Worte. Sie beinhalteten sicher das gesamte Wissen der damaligen Zeit. PTOLEMAIOS I. SOTER (366–283 v. u. Z.) gründete diese Bibliothek. Die endgültige Form erhielt sie durch seinen Nachfolger PTOLEMAIOS II. PHILADELPHOS (285–247 v. u. Z.). Nach dem Vorschlag von DEMETRIOS von PHALERON sollte diese Bibliothek Ausfertigungen der Bücher der ganzen welt besitzen – was damals sicher noch machbar war. Aufkäufer wurden in die Lande geschickt, geliehene Bücher abgeschrieben. Reisende, die Bücher bei sich hatten, mußten das Original abliefern und bekamen – eine nicht ganz feine Methode – Kopien zurück. PTOLEMAIOS III. EUERGETES I. (247–222 v. u. Z.) opferte sein ganzes Vermögen für Originalmanuskripte. Hunderte von Schreibern waren in Alexandria beschäftigt. Die Informationsflut machte die Eröffnung einer Außenstelle erforderlich, die kleine Alexandrinische Bibliothek im Serapeion. Hier befanden sich dann nochmals 40000 Schriftrollen. Der Gelehrte KALLIMACHOS (um 310–240 v. u. Z.) schuf den aus 120 Rollen bestehenden Katalog der Alexandrinischen Bibliothek, genannt Pinakes.

Schon während der Kämpfe zwischen CÄSAR und POMPEJUS vernichteten Plünderungen und Brände große Teile der Bestände. Als CÄSAR im Jahre 48 v. u. Z. schließlich Alexandria besetzte, ließ er Tausende von Schriftrollen nach Rom transportieren. Ein weiterer Brand suchte die Bibliothek im Jahre 391 heim, als christliche Fanatiker unter THEOPHILUS die Tempelanlage des SERAPIS zerstörten. Die Besetzung Alexandrias durch die Araber im Jahre 642 leitete endgültig den Untergang dieser größten Wissenssammlung der Antike ein. Der Kalif OMAR I. opferte einen Teil der Bibliotheksbestände einem recht zweifelhaften Glaubensbeweis. Wenn in diesen Büchern das steht, soll er gesagt haben, was auch im Koran steht, dann sind sie überflüssig. Stehen aber in ihnen Dinge, die der Koran nicht verzeichnet, dann sind sie Teufelswerk und müssen ebenfalls vernichtet werden! Bücherverbrennungen haben auch ihre Geschichte! Die verbliebenen Reste sind während der Kreuzzüge vernichtet oder verschleppt worden.

Die Bedeutung von gespeichertem Wissen wurde schon früh in der Menschheitsgeschichte erkannt. Das soll der folgende Text aus dem Alten Reich der Ägypter (2635–2155 v. u. Z.) unterstreichen: „Sei ein Schreiber, setze es dir in dein Herz . . . Ein Buch ist nützlicher als die sieben Gräber im schönen Westen. Es ist auch besser als ein großes Gut und eine Gedächtnisnische im Tempel" (ZAHN 1980, S. 41).

500 v. u. Z. gab es in Griechenland schon die Berufssparte der „Bibliopolai", das waren die Bücherhändler. Schon im ersten Jahrhundert v. u. Z. entwickelte sich in Rom ein selbständiges Verlags- und Vertriebswesen. Die Verleger übernahmen die Manuskripte von den Autoren, ließen sie nach entsprechender Lektorierung von Sklaven vervielfältigen und verkauften sie in eigenen Buchläden. Die „Druckerei" bestand aus einem langsam und laut vorlesenden „Setzer" und je nach Auflagenhöhe aus oft zahlreichen mitschreibenden Sklaven. Die „Druckereizeiten" waren traumhaft! Für das zweite Buch MARTIALS mit einem Versmaß von 450 Hexametern brauche man nur zwei Stunden, für die vollständige Ausgabe MARTIALS ganze 17 Stunden. In einem Schreibbüro mit 50 Schreibern konnte in vier Wochen eine Auflage von 1000 (!) Exemplaren realisiert werden. Besonders wertvolle Schriften wurden einer anschließenden Korrektur unterzogen, was auf dem Titel vermerkt wurde. Im Jahre 59 v. u. Z. gründete CÄSAR das erste Regierungsmitteilungsblatt, man kann durchaus sagen, die erste Zeitung. Sie hieß: Acta Diurna, war auf Papyrus geschrieben und enthielt Senatsbeschlüsse, Magistratsverordnungen, kaiserliche Erlasse, Lokalnachrichten und zum Beispiel auch Geburtsanzeigen. Noch im Jahre 400 hatte Rom 28 (!) öffentliche Bibliotheken. Was für eine Unmenge Wissen, dem wir heute mit großem Aufwand nachforschen, muß da vorhanden gewesen sein? Wieviele Rätsel unserer Geschichte würden sich in ein Nichts auflösen, könnte man da noch hineinschauen!

Doch wir müssen zur Realität zurückkehren und mit dem Material vorlieb nehmen, das noch vorhanden ist. Um Kartenrätsel im hier verstandenen Sinne zu lösen, kann man mindestens zwei Wege gehen. Einer davon wäre die Erforschung der globalen geographischen Entdeckungsgeschichte. Dazu hat es Versuche gegeben, erinnert sei nur an das mehrbändige Werk von HENNIG (1936f.), welches bis heute allein dasteht. Die Gründe liegen auf der Hand. Man müßte alle Entdeckungsberichte aller Völker zusammenstellen, auswerten und vor allem vergleichen, um daraus *die* Entdeckungsgeschichte zu schreiben! Dies ist sicher ein Lebenswerk. Ich möchte deshalb die Aufmerksamkeit des Lesers auf den zweiten Weg richten. Wenn wir unser Wissen über Verfahren und Vorrichtungen, die den Menschen in ferner Vergangenheit zur Verfügung standen, vervollständigen können, dann wäre zumindest das Verständnis für manches Kartenrätsel vorhanden. Und gerade dies möchte der Autor bei dem Leser erreichen. Die in der Geschichte auffindbaren Indizien, die auf die hervorragenden Arbeitsbedingungen der alten Kartographen hinweisen, sind leider bisher nur wenig beachtet worden. Mathematische Verfahren, Visier- und Längenmeßeinrichtungen, organisierte Landvermessungen in einem kaum bekannten Umfang, Auswerte- und Berichtigungsverfahren sowie Techniken zur Herstellung haltbarer und informativer Karten – alles war schon da, nebst dazugehörigen Ämtern. Wenn man sich dazu noch vor Augen hält, daß in der Archäologie und in anderen historischen Wissenschaften immer nur ein Bruchteil von dem ehemals vorhanden gewesenen Material und Wissen aufgefunden wird, dann bekommt man eine Ahnung von den Fähigkeiten alter Kartographen.

PAUL GALLEZ (1980, S. 21) weist auf den Grund für ein heute oft fehlendes Vorstellungsvermögen hin: „. . . weil wir in den Dimensionen des modernen Weltverkehrs denken. Als Menschen, die das Laufen weitgehend verlernt haben, sehen wir viel zu viel Schwierigkeiten. . . Die alten Wanderbücher nur des 19. Jahrhunderts belegen, welche Entfernungen ‚Handwerksburschen‘ zurücklegen konnten, und Lebensberichte vergangener Zeiten zeigen, daß den Zeitgenossen günstige Schliche und abkürzende Pfade bekannt waren.“

Warnungen vor der Unterschätzung der Leistungen unserer Vorfahren findet man in der Literatur schon im vergangenen Jahrhundert. Der große Mailänder Astronom SCHIAPARELLI (PTOLEMÄUS 1963, Einleitung) schrieb: „. . . laßt uns von der Achtung und Verehrung erfüllt sein, welche denen gebührt, die vor uns eine steile Straße wandernd den Weg geöffnet und geebnet haben. Von diesen Gefühlen beseelt, können wir zwar auf mangelhafte Beobachtungen und auf die Wahrheit weit verfehlende Spekulation stoßen, aber wir werden nie etwas Absurdes, Lächerliches oder den Regeln der gesunden Vernunft Widersprechendes finden. Wenn heutzutage wir, die späten Enkel jener berühmten Meister, aus ihren Irrtümern und ihren Entdeckungen Gewinn ziehen und zum Giebel des von ihnen gegründeten Gebäudes emporsteigen, mit unserem Blick einen weiteren Horizont umfassen können, so wäre es törichter Hochmut, deshalb zu glauben, daß wir eine weitertragende und schärfere Sehkraft als sie hätten. Unser ganzes Verdienst besteht darin, daß wir später zur Welt gekommen sind.“

Ich hoffe, der Leser ist nun genügend auf die Problematik und unser gemeinsames Vorhaben eingestimmt. Im nächsten Kapitel beginnt nun die große Reise in die Vergangenheit. Wir lernen die Gelehrten der Antike, ihr Wissen und Schaffen, aber auch die kleinen Dinge des Alltags kennen.

Das Wissen der Vorzeit liegt in den Werken der Antike verborgen

Dieses Kapitel ist der antiken Wissenschaft gewidmet. Wir wollen die Spuren antiker Autoren verfolgen, ihre Werke begutachten und vor allem ermitteln, welchen Anteil sie im einzelnen bei der Gestaltung der antiken Karten hatten. Biographische Angaben, eingeordnet in die Zeitgeschichte, sollen das Bild abrunden (siehe Rückseite der Beilagenkarte).

Zu Beginn des ersten Jahrtausends v. u. Z. hatten viele große Völker des Orients schon den Höhepunkt ihrer kulturellen Entwicklung erreicht, einige hoch entwickelte Kulturen waren aber schon zu diesem Zeitpunkt untergegangen. Bedeutende Leistungen für die Entwicklung der Menschheit waren vollbracht. Die Kraft jahrtausendealter Reiche ging zunehmend an neue, gesellschaftlich fortgeschrittene Staaten über. Sie eroberten benachbarte Länder und dehnten ihre Grenzen aus. Charakteristisches Kennzeichen war vor allem das Entstehen einer neuen, auf der Sklaverei basierenden Gesellschaftsordnung. Diese baute sich auch auf den wissenschaftlichen Leistungen des Alten Vorderen Orients auf.

In Ägypten kam es zunächst zu einer politischen Niedergangsperiode, doch übernahmen Ptolemäer und Römer alle Errungenschaften altägyptischer Landwirtschaft und behielten sie unverändert bei. China war zu einem Lehnsstaat geworden und zerfiel zeitweilig in Fürstentümer. In der Han- und später in der T'ang-Dynastie kam es zu einer kulturellen Blüte, und das Land erfuhr seine größte Ausdehnung. Im Zweistromland zerstörten die Assyrer das Reich der Babylonier.

Allein in den um das Mittelmeer gelegenen Ländern zeigten sich erste Ansätze einer neuen Zivilisation, die aber auf den im Alten Orient geschaffenen Voraussetzungen beruhte. Die Phönizier erbauten große Städte und beherrschten Inseln und Meer. Die Minoer erreichten auf der Insel Kreta ein hohes kulturelles Niveau. Im Süden Griechenlands, in Mykene, entstand das erste bedeutende Kulturzentrum des Abendlandes. Die Geschichte Europas begann damit in Griechenland. Schon seit dem 11. Jahrhundert v. u. Z. gründeten die Griechen Städte, darunter Milet. In diesem Zeitraum fanden auch schon bezeugte Entdeckungsfahrten statt. Um 948

v. u. Z. reisten die Phönizier mit ihren Schiffen durch das Rote Meer nach Indien, etwa 939 v. u. Z. fuhren die Chinesen westwärts, und um 929 v. u. Z. gelangten die Phönizier zum Sambesi, an die Ostküste Afrikas. Die phönizische Kultur hatte die griechische wesentlich beeinflußt. Gegen Ende des 9. Jahrhunderts v. u. Z. lernten die Griechen von den Phöniziern das Alphabet kennen. Einhundert Jahre später verwendeten sie Buchstaben zur Vokalbezeichnung. In der zweiten Hälfte des 8. Jahrhunderts v. u. Z. lebte HOMER, der in seinen beiden großen Dichtungen „Ilias" und „Odyssee" die Geschehnisse aus der Zeit des Trojanischen Krieges archaisierend verarbeitete und zahlreiche Bezüge zu dem sogenannten „Dunklen Zeitalter" der griechischen Geschichte (ca. 1150–700 v. u. Z.) herstellte. Dem Volk der Griechen gab HOMER damit das Bewußtsein, eine große und ruhmreiche Vergangenheit zu besitzen. Damit wurden erste Gefühle einer nationalen Zusammengehörigkeit geweckt. HOMER wurde so berühmt, daß sieben griechische Städte um die Ehre stritten, seine Geburtsstadt zu sein. Um das Jahr 750 v. u. Z. wurde die griechische Stadt Kyme in Italien gegründet und in den Folgejahren zahlreiche andere in Süditalien und auf Sizilien. Im Jahre 698 v. u. Z. verwendeten die Griechen zur Kennzeichnung von Tönen Buchstaben und entwickelten damit die erste Notenschrift.

Um 611 v. u. Z. wurde in Milet ANAXIMANDER als Sohn des PRAXIADES geboren. Er war ein Schüler von THALES und wurde später sein Nachfolger. THALES VON MILET suchte alle Erscheinungen der Welt auf ein gemeinsames Urprinzip zurückzuführen und wurde damit zum Begründer der abendländischen Philosophie. Unseres Wissens war THALES der erste Wissenschaftler, der die Frage nach dem natürlichen Wesen der Dinge stellte. Er beantwortete sie mit der Erkenntnis, daß alles aus sich selbst heraus entstanden ist. Der Urstoff war flüssig, aus ihm heraus hat sich die gesamte Vielfalt der Welt entwickelt. ANAXIMANDER folgte in vielen Dingen seinem Lehrer und gilt als der erste Autor, der eine die Natur erklärende Prosaschrift verfaßt hat. Er erläutert den Urstoff, den sein Lehrer postuliert hatte. Dieser Urstoff ist nach Masse und Qualität unbestimmt, aus ihm kann alles entstehen, und er ist unvergänglich. Alles, was aus ihm hervorgeht, muß wieder vergehen und damit zu Urstoff werden. Daraus schlußfolgernd können viele Welten entstehen und müssen alle wieder vergehen. ANAXIMANDER untersuchte die Größe und Bahn der Gestirne und ermittelte die gegenseitigen Abstände voneinander. Die Erde betrachtete er nicht in der damals üblichen Weise als Scheibe, sondern als Zylinder. Ihm schreibt man ebenfalls die Erfindung der Sonnenuhr zu, was aber nicht stimmt. Sicher haben die Menschen schon Jahrtausende früher erkannt, daß ein in die Erde gesteckter Stab einen der Tageszeit entsprechenden Schatten wirft. Viel interessanter für uns ist die ihm zugeschriebene Land- und Seekarte sowie ein Modell der Himmelskugel.

ANAXIMANDER starb um 546 v. u. Z. Zu diesem Zeitpunkt war der berühmte PYTHAGORAS VON SAMOS etwa 6 Jahre alt (geb. um 540 v. u. Z.). Er gilt als einer der großen frühen Mathematiker, seinen Satz zur Berechnung rechtwinkliger Dreiecke kennt jedes Schulkind. Auf der Insel Samos geboren, verließ er seine Heimat im fünften Jahr der Herrschaft des Tyrannen POLYKRATES, also um 532 v. u. Z. Es ist das einzig gesicherte Datum in seinem Leben. PYTHAGORAS starb in Metapontion um 500 v. u. Z. Er war ein berühmter Lehrer, der auf seine Schüler einen tiefen Eindruck machte. PYTHAGORAS wurde als der vollkommenste aller Weisen angesehen, dessen Lebensführung und Aussprüche von tiefster Logik erfüllt waren und somit zur richtungsweisenden Norm werden konnten. Aufgrund dieser rückhaltlosen Verehrung und weil PYTHAGORAS kaum etwas schriftlich verfaßt hatte, ist die Überlieferung über ihn aber getrübt. So kann heute zwischen dem Wissen des Lehrers und seiner Schüler kaum noch unterschieden werden. Die folgenden Ausführungen treffen deshalb auch für die Philosophen und Mathematiker der pythagoreischen Schule zu. Ihre philosophischen Leitgedanken sind heute noch interessant. Die Lebensführung in Reinheit ist eine Vorbedingung für die Erkenntnis. Nur der Reine hat Zugang zu den Göttern. Körper und Seele stehen in Wechselwirkung, was den Körper belastet, hindert die Seele an der Erkenntnis. Der Körper ist der Widersacher der Seele und versucht sie, mit Schwere zu erfüllen. Wenn man bei frühlingshaftem Wetter an der Schreibmaschine sitzen muß, kann man PYTHAGORAS nur zustimmen. Doch weiter: Der Mensch wird von dem geformt, was er tut, sein Leben verschlechtert oder veredelt ihn und Erkenntnis macht ihn göttlich. Die Seele der Menschen ist unsterblich, sie geht nach dem Tode in ein anderes Wesen ein, dessen Wert dem der Seele entspricht. Nachfolgende Autoren spotten über diese These. So XENOPHANES, der meint, PYTHAGORAS habe die Stimme eines Freundes im Winseln eines Hundes erkannt, der gerade geschlagen wird.

PYTHAGORAS ist uns heute fast nur noch durch seine mathematischen Arbeiten bekannt. Lange vor ihm war schon die Regelmäßigkeit arithmetischer und geometrischer Verhältnismäßigkeit entdeckt worden. Es ist das Verdienst des PYTHAGORAS, daraus die Dreiecksformel $c^2 = a^2 + b^2$ entwickelt zu haben. Er untersuchte die Saitenlängen an Musikinstrumenten und ihr Verhältnis zur Tonhöhe. PYTHAGORAS führte astronomische Beobachtungen durch und fand Regelmäßigkeiten in der Bewegung der Planeten. Aus allem zog er dann eine allgemeine Schlußfolgerung: In der ganzen Welt herrscht eine grundlegende Gesetzmäßigkeit, die er als Harmonie bezeichnet. Diese kann man entweder in einfachen Zahlenverhältnissen ausdrücken oder sie steht zu solchen in sinnvoller Analogie. In allen Wissenschaftsdisziplinen ist Gott Vorbild der Menschen, zum Beispiel auch für die Mathematiker, denn er läßt ja die Himmelskörper nach mathematischen Gesetzen kreisen.

PYTHAGORAS bringt alle Lebensweisheiten auf die knappe Formel: Folge dem Gott! Dies hatte zweifellos mehr praktische Aspekte als philosophische Hintergründe. KANTS kategorischer Imperativ ähnelt dieser Lebensregel. Einen besonderen Raum in den Arbeiten dieses frühen Philosophen und Mathematikers nimmt der Dualismus ein. Nur die positive Seite des pythagoreischen Weltbildes ist würdig, erforscht zu werden. Seine Philosophie ist eine Philosophie der Werte. Das Werthafte herrscht aber nirgendwo unbestritten, sondern ihm steht immer ein machtvolles Wertwidriges entgegen. Seine Schüler gingen dann sogar soweit, eine Tabelle der Gegensätze aufzustellen:

Wert	Unwert
hell	dunkel
geordnet	ungeordnet
begrenzt	unbegrenzt
rechts	links
ungerade	gerade
Quadrat	Rechteck
männlich	weiblich

Die letzte Gegenüberstellung wird wohl keine ungeteilte Zustimmung finden!

Das eben Geschilderte hat auch einen wichtigen gesellschaftspolitischen Aspekt. PYTHAGORAS und seine Schüler mußten, wie es die ganze Welt tun sollte, für das Gute eintreten. Ganz besonders wurden solche Zeitgenossen bekämpft, die infolge ihrer negativen Lebensführung das Gewicht des Bösen vermehrten. Der Erfolg im Kampf gegen das Böse blieb jedoch aus. Deshalb entschlossen sich spätere Schüler, der Welt und damit dem Bösen zu entsagen und in ein Kloster zu gehen.

PYTHAGORAS war kein Lehrer für die breite Öffentlichkeit. Seine Erkenntnisse wurden als Geheimlehre betrachtet und nur diejenigen eingeweiht, die das Böse bekämpfen wollten. Heute wissen wir es besser: Eine philosophische Erkenntnis ist nur dann richtig, wenn sie allen Anfechtungen standhält. Dies kann man nur durch eine breite Diskussion, die eine Publizierung voraussetzt, erreichen.

Inzwischen befinden wir uns inmitten des Zeitalters der klassischen Kunst. Geistige und sittliche Reife befähigten die Griechen zu großen kulturellen Fortschritten. Es entstanden Kunstwerke von zeitloser Schönheit, das Drama erreichte seine Vollkommenheit. In der Bildhauerei entstanden Meisterwerke, deren Lebendigkeit noch heute überrascht. Die Malerei war durch Anschaulichkeit und Tiefe charakterisiert, die Baukunst wurde zum Inbegriff der erhabenen Einfachheit und Schönheit. Das Zeitalter der Wissenschaft brach an. HEKATAIOS VON MILET trug dazu Wesentliches bei: Er gilt als einer der alten Vertreter ionischer Wissenschaft und war der bedeutendste Logograph. Er verfaßte einige Seefahrtsberichte und trug somit zur Erweiterung des geographischen Wissens bei. HEKATAIOS wurde um 560 v. u. Z. geboren und reiste in viele Länder, um sein Wissen zu erweitern, so nach Ägypten und in den Orient. Ob er noch die Perserkriege (Beginn 490 v. u. Z.) erlebte, ist ungewiß. Ebenfalls ist

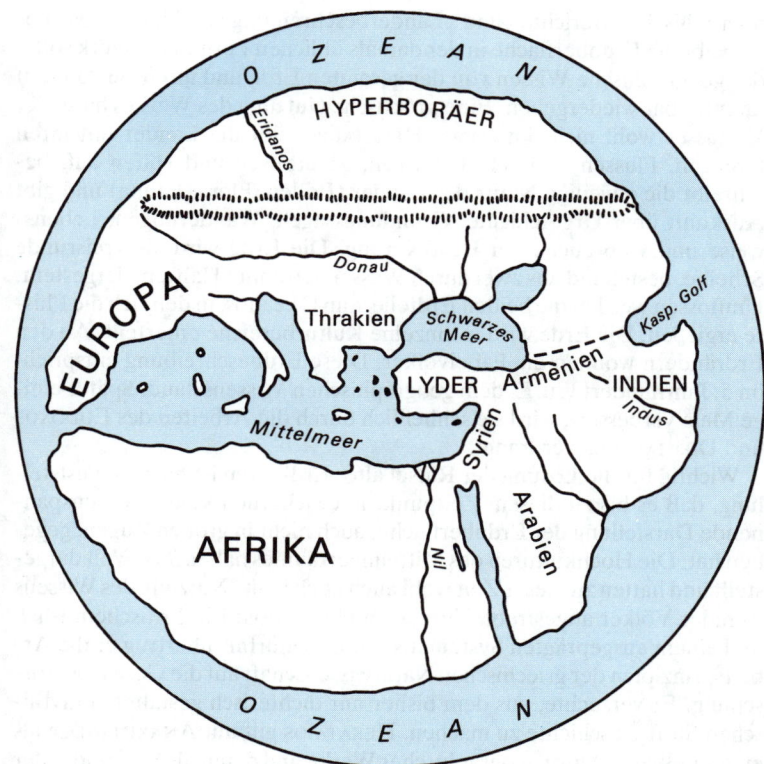

Abbildung 1
Erdkarte des HEKATAIOS VON MILET. Sie entstand um das Jahr 500 v. u. Z. (nach KRÄMER 1971).

zweifelhaft, ob er noch ein direkter Schüler des ANAXIMANDER war. Fest steht aber, daß er die Erdkarte des ANAXIMANDER verbesserte, die als die erste des Abendlandes gilt. Von ihm stammt auch eine literarische Erdbeschreibung. Es mag diese überarbeitete Karte gewesen sein, die ARISTAGORAS VON MILET in Sparta dem König KLEOMENES I. vorlegte.

Die Erdbeschreibung des HEKATAIOS, um 500 v. u. Z. nach dem Skythenfeldzug des DAREIOS I. publiziert, ist Ausdruck des weltoffenen und unternehmungslustigen Griechentums. Sich heute ein Bild vom Inhalt dieses Werkes zu machen, ist schwer (vgl. Abb. 1). Man findet darin, soweit überliefert, alte geographische Bezeichnungen, die nach HEKATAIOS niemand mehr verwendete und die deshalb auch nicht mehr identifizierbar sind. Schon vor HEKATAIOS gab es Seefahrtsbücher, geographisch-ethnographische Berichte und Länderbeschreibungen. HEKATAIOS beschreibt die Erdoberfläche in der damals üblichen Form. Das Werk sollte das geographische Wissen von der gesamten Erde und ihren Bewohnern unmittelbar wiedergeben. Eine praktische Nutzung des Werkes hatte der Verfasser wohl nicht im Auge. HEKATAIOS zählt die Länder mit ihren Grenzen, Flüssen, Städten, Gebirgen, Meerbusen und Häfen auf, beschreibt die jeweilige Natur der Länder (Boden, Flora, Fauna) und gibt Auskunft über Urgeschichte, Gründungssagen, Wanderungen, Lebensweise und Gebräuche der Bevölkerung. Die Erde wird als kreisrunde Scheibe, bestehend aus zwei durch Wasser getrennte Hälften, dargestellt. Umflossen werden die beiden Erdteile vom Okeanos, in den sich die Flüsse ergießen. Die Erde wird in einzelne Kulturbereiche unterteilt. An den Erdrändern wohnen die Fabelvölker. Diese Erdbeschreibung entspricht im 5. Jahrhundert v. u. Z. dem geographischen Wissensstand. Später einige Male verbessert, wird sie schließlich durch die Arbeiten des EUDOXOS und DIKAIARCHOS verdrängt.

Wichtig für die Lösung der Rätsel alter Erdkarten ist hier die Feststellung, daß es bis zu diesem Zeitpunkt mit Sicherheit keine weltumspannende Darstellung der Erdoberfläche, auch nicht in groben Zügen, gegeben hat. Die Hochkulturen des Mittelmeerraumes haben *ihre* Welt dargestellt und hatten zu dieser Zeit wohl auch noch keine Nutzung des Wissens fremder Völker angestrebt. Zurück zu HEKATAIOS: Mit kritischem Blick und einem ausgeprägten Systematisierungsbedürfnis übertrug er die Arbeitsprinzipien der griechischen Naturwissenschaft auf die Geschichtsforschung. Er versuchte, aus dem bisher nur dichterisch gestalteten mythischen Stoff Geschichte zu machen. HEKATAIOS gilt mit ANAXIMANDER als erster faßbarer Autor geographischer Werke und damit als Begründer der wissenschaftlichen abendländischen Geographie.

SKYLAX VON KARYANDA war ein Zeitgenosse des HEKATAIOS. Für seine Tätigkeit als Geograph war es von Vorteil, daß er sich als Seefahrer viel praxisorientiertes Wissen aneignen konnte. Nach HERODOT umfuhr er das erste Mal im Auftrag des DAREIOS I. zwischen den Jahren 518 und 516 v. u. Z. Arabien. Von Kaspapyros am Kabulfluß aufbrechend erreichte er 30 Monate später Suez. Sein Geburtsdatum ist unbekannt, man vermutet es um das Jahr 540 v. u. Z. SKYLAX ist frühestens um 480 v. u. Z. gestorben. Von ihm sind sieben Fragmente erhalten, die sich auf die Fahrt um Arabien beziehen. In ihnen werden aber auch die Säulen des HERAKLES (Gibraltar), Illyrien und verschiedene Gegenden Kleinasiens erwähnt.

Die modernen Geschichtsschreiber weisen immer wieder auf die bedeutende Rolle Griechenlands für die Entstehung der spezifischen europäischen Kultur hin. „Man kann in der Kulturgeschichte nicht verfahren, wie man in der Geographie verfährt. In der Geographie gilt von den Quellen, aus denen der Fluß entsteht, diejenige als sein Ursprung, welche am höchsten liegt", schreibt PETER BAMM (1961, S. 97) in seiner Kulturgeschichte der Griechen und fährt fort: „Der Anfang Europas ist nicht am

Ort seiner ältesten Ursprünge zu suchen. Ursprünge der europäischen Kultur können wir in Ägypten bis ins vierte, in Sumer bis hinaus ins fünfte Jahrtausend verfolgen. Aber die alten Kulturen des Nildeltas und des Zweistromlandes sind nicht europäisch gewesen. Sie haben in bedeutsamer Weise und in einem Ausmaß, das weiter und tiefer reicht, als den meisten Europäern bewußt ist, zu unserer Kultur beigetragen. Aber als europäisch empfinden wir weder ihre Kunst noch ihre Religion, noch ihre Literatur. Wenn alles wegfiele, was wir den Sumerern, den Ägyptern, den Babyloniern verdanken, gäbe es noch immer Europa. Wenn alles wegfiele, was wir den Griechen verdanken, gäbe es Europa nicht."

Einer der am häufigsten zitierten „alten Griechen" ist HERODOT aus Halikarnassos (heute Bodrum). Ihm verdanken wir durch seine ungewöhnliche Reisetätigkeit und fleißige Arbeit das umfassendste erhalten gebliebene Geschichtswerk mit einer Vielzahl an geographischen und kartographischen Informationen. Wenn HERODOT als „Vater der Geschichtsschreibung" bezeichnet wird, dann kommt darin die Anerkennung zum Ausdruck, die viele ihm noch heute zollen.

HERODOT wurde um das Jahr 484 v. u. Z. als Sohn des LYXES geboren. Zwischenzeitlich lebte er auf Samos und reiste um 455 v. u. Z. aus reinem Forscherdrang nach Ägypten, Phönizien, Mesopotamien und ins Skythenland. Wir treffen ihn im Athen der perikleischen Zeit. Er lebte bis in die Zeit des Peloponnesischen Krieges und starb im Jahre 425 v. u. Z. Sein neunbändiges Geschichtswerk beginnt mit der historischen Zeit und endet mit der Einnahme von Sestos (478 v. u. Z.) durch die Athener. Sein Geschichtswerk nannte er „Darlegung der Erkundung", und es ist in erster Linie ein Reisebericht. Die neun Bände beinhalten folgende Themen: Geschichte und Herkunft des KROISOS, seine Begegnung mit SOLON und der Krieg gegen die Perser, Rückblende auf die alten Könige, Jugendgeschichte des KYROS und Erweiterung der persischen Macht, persisches Brauchtum, Beschreibung Babyloniens und des Massagetenlandes. Im Band 2 werden der Ägyptenfeldzug des KAMEYSES, die Natur, Kultur, Religion und Bräuche Ägyptens sowie die Geschichte des Landes unter Angabe der literarischen Quellen abgehandelt. Band 3 führt die Kriegstaten des KAMBYSES in Ägypten auf und beinhaltet Angaben zum Krieg zwischen Sparta und Samos, zum Schicksal von POLYKRATES, zum Tod von KAMBYSES, zum Regierungsantritt von DAREIOS, über abgabenfreie Völker, die dennoch Geschenke bringen, und solche Völker, die an den Grenzen der Ökumene wohnen. Der Band endet mit der Einnahme von Samos und dem Ende des babylonischen Aufstandes. Band 4 ist dem Skythenkrieg gewidmet, enthält Angaben über Land und Leute, die Geschichte der KYRENES und den Libyenfeldzug, die Unterwerfung der thrakischen Stämme durch die Perser, die Vorbereitung des ionischen Aufstandes, seine Entwicklung und das Übergreifen auf die Randvölker. Im Band 6 erfahren wir von der Seeschlacht bei Lade, dem Fall der Stadt Milet, dem Ende des HISTIAIOS, dem Angriff auf griechische Städte, dem

Kriegszug gegen Makedonien und Mardonios. Die Perser fordern die einzelnen griechischen Städte auf, sich ihnen zu unterwerfen, was viele auch freiwillig tun, was bei Athen jedoch auf Unverständnis stößt. Es folgen die Schilderung der Schlacht von Marathon und die Biographie des MILTIADES bis zu seinem Tode. Band 7 beginnt mit dem Thronwechsel bei den Persern nach DAREIOS' Tod. Der Nachfolger XERXES überquert den Hellespont und führt ein Riesenheer gegen Europa. Ihm folgen Gesandtschaften, eine Kontaktaufnahme mit GELON, Kämpfe gegen die Karthager, eine Aufstellung des griechischen Heeres bei den Thermophylen und bei Artemision, eine Truppenverlagerung der Perser und schließlich die Thermophylenschlacht. Band 8 berichtet von der Schlacht bei Artemision, dem Zug durch Böotien gegen Delphi, der Schlacht von Salamis und einigen diplomatischen Aktionen. Der letzte Band beginnt mit einer Auseinandersetzung in Attika, dem Rückzug des MARDONIOS, bringt Ausführungen zur Schlacht bei Plataiai samt den Folgen, zum Fall von Mykale und zu einem tragischen Zwischenfall von ehelicher Untreue bei König XERXES.

Von den Experten wurde viel darüber diskutiert, ob HERODOT sein Werk tatsächlich vollendet hat oder ob es sich bei den vorliegenden Schriften nur um die unvollendeten Fragmente handelt. Der Aufbau des Werkes zeigt ein klares Konzept. „Die Darstellung nimmt im Fortschreiten an Straffheit zu. Reden, Gespräche, Novellen dienen oft weniger dazu, Personen zu charakterisieren, als um die Deutung menschlicher Existenz im Sinne Herodot's Lust am Erzählen" (PAULY 1919, Stichwort Herodot). Es steht außer Zweifel, daß HERODOT für die Abfassung seiner Werke eine umfangreiche Quellensammlung und Exzerpte angefertigt haben mußte. „Herodot's Kritik ist uneinheitlich, aber ehrlich und sein Wahrheitsstreben verantwortungsbewußt. Trotz mancher Mißverständnisse erweist sich Herodot in seinen Berichten über fremde Völker als verläßlich", heißt es an anderer Stelle bei PAULY (ebd.). Jeder, der heute wissen möchte, wie die Welt zur Zeit und vor der Zeit HERODOTS aussah, findet in seinem Werk die Antwort auf viele Fragen. Das gilt auch für die geographischen Verhältnisse in den verschiedensten Ländern der damals bekannten Welt.

Der Begründer der attischen Philosophie, SOKRATES, war ein Zeitgenosse HERODOTS. Er wurde um das Jahr 470 v. u. Z. geboren und durch einen Volksbeschluß im März 399 v. u. Z. hingerichtet. SOKRATES war der Sohn eines Steinmetzen und einer Hebamme. Wahrscheinlich erst im fortgeschrittenen Alter heiratete er XANTHIPPE und hatte mit ihr drei Kinder. Das jüngste war bei seiner Hinrichtung noch ein Kleinkind.

Die Darstellung und Bewertung dieses Mannes war zu allen Zeiten uneinheitlich, was vor allem an den oft entgegengesetzt lautenden Berichten seiner Zeitgenossen lag. Diejenigen, welche ihn am wenigsten kannten, schrieben am ausführlichsten über ihn, zum Beispiel XENOPHON in vier Bänden. Nur PLATON hat sich gänzlich mit SOKRATES identifiziert und eine

Begegnung mit ihm, die im Jahre 408 v. u. Z. stattfand, wurde entscheidend für sein weiteres Leben. SOKRATES gilt als Rationalist, denn er forderte ein verstandesgemäßes Nachprüfen aller Behauptungen. Er war ein Skeptiker, denn er mißtraute den nur faszinierend redenden, damals modernen Weisheitslehrern. SOKRATES forderte, daß alles Philosophieren zu Wertungen führen müsse, die praktisch nutzbar sind. Für ihn spielten die Sprache, das Sprechen und der Dialog eine große Rolle. Zu Erkenntnissen der Wahrheit kommt man nicht durch einsames Nachdenken. Erkenntnisse müssen immer im Gespräch geprüft werden. Darum hielt SOKRATES auch nichts vom Aufschreiben – ein interessanter Aspekt! Geschriebenes ist aus dem Gespräch herausgenommen. Deshalb hat SOKRATES, man höre und staune, keine Zeile verfaßt. Durch den berühmt gewordenen Satz vom Nichtwissen, verneint er nicht, daß es Wissen gibt, sondern fordert die sorgfältige Prüfung jedes vermeintlichen Wissens. SOKRATES setzte sich mit den Sophisten auseinander und warf ihnen mangelnde Kenntnisse vor. Er kritisierte an ihnen, daß das angeblich Nützliche, das sie anboten – vor allem Rhetorik – in Wahrheit schädlich sei. Mit Nachdruck wies SOKRATES auf die Männer der Praxis hin, zum Beispiel auf die Handwerker! Zum einen haben sie eine solide Ausbildung, und zum anderen behalten sie immer den Zweck ihrer Produkte im Auge. Was ein Handwerker herstellt, muß verwendbar sein, sonst kauft man ihm seine Ware nicht ab. Ohne Zweifel war SOKRATES ständig auf der Suche nach den Werten, den Ideen. Das Gute war für ihn immer das richtig verstandene Nützliche. Wer Unrecht tut, schadet letzten Endes nur sich selbst. Darum sei es besser, Unrecht zu leiden, als Unrecht zu tun. Das war für SOKRATES nicht nur ein Lippenbekenntnis. Er hätte mehrfach die Möglichkeit gehabt, seiner Hinrichtung zu entgehen. So hat er durch sein Sterben seine Lebenshaltung bewiesen.

Als SOKRATES 399 v. u. Z. starb, wurde die Nächstenliebe als Grundlage des Zusammenlebens angemahnt. In Syrakus wurden die ersten Schiffe, die wir als Fünfruderer (Pentere) bezeichnen, gebaut, und DEMOKRIT erkannte die Milchstraße als eine Anhäufung unzähliger Sterne. Die Griechen stellten aus Tierhaaren den ersten Filz her, und HIKETAS und EKPHANTOS lehrten, daß sich die Erde um eine Achse dreht.

Um das Jahr 408 v. u. Z. wird EUDOXOS VON KNIDOS geboren. Er war ein vielseitig gebildeter und universell arbeitender Mann und beschäftigte sich mit Astronomie, Mathematik, Medizin, Philosophie und Jurisprudenz. EUDOXOS war über seine Heimatstadt hinaus hoch geehrt. Er hielt Vorlesungen über Götterkunde, Kosmologie und Meteorologie, schrieb viele und gute Lehrbücher. Er gilt als Begründer der Kegelschnitte und ist schon deshalb für die Kartographen interessant. Zahlreiche Schriften befassen sich mit Geographie, die er beschreibend-historisch und mathematisch-astronomisch abhandelte. Die Kugelgestalt der Erde, die Herkunft des Mondlichtes, die Wendekreise, der Äquator, die Pole und die Meridiane sind ihm bekannt gewesen. Die Idee, Indien westwärts zu erreichen, hatte ARISTOTELES mit Sicherheit von EUDOXOS übernommen. Jahrhunderte später griff sie KOLUMBUS wieder auf. Schließlich hat sich EUDOXOS mit Ethik befaßt und festgestellt, daß die Freude für ihn das höchste Gut sei. Der Autor schließt sich dieser Meinung an.

EUDOXOS war etwa 24 Jahre alt, als ARISTOTELES als Sohn eines Arztes in Stageiros geboren wurde. Man kann die beiden also durchaus als Zeitgenossen betrachten. Bereits mit 17 Jahren trat ARISTOTELES in die Akademie von PLATON ein. Er gehörte ihr bis zu PLATONS Tod, also über 18 Jahre lang, an. Im Jahre 343/42 v. u. Z. berief PHILIPP II. VON MAKEDONIEN ihn dazu, die Erziehung seines Sohnes ALEXANDER zu fördern. Die Beziehung zwischen Lehrer und Schüler war keinesfalls so tief und nachhaltig, wie man oft das Zusammentreffen des bedeutendsten Philosophen jener Zeit mit dem mächtigsten König geschildert hatte. Im Jahre 335 eröffnete ARISTOTELES eine eigene Schule, das Lykeion. Diese trug durchaus den Charakter einer Forschungsstätte. Mit dem Tode ALEXANDERS im Jahre 323 v. u. Z. wurde seine Tätigkeit an dieser Schule gewaltsam beendet. ARISTOTELES, Anhänger der nun verfolgten makedonischen Partei, wurde durch eine Anklage bedroht und floh nach Chalkis, wo er ein Jahr später starb. Von seinen Werken ist ebenfalls nur ein Teil erhalten geblieben. Seine Forschungsarbeit im Lykeion basierte selbstverständlich auf umfassenden Materialsammlungen. Die Vorarbeiten dazu leistete ARISTOTELES selbst, vertraute die Sammlungen aber später seinen Schülern an. Diese Materialien waren nie für eine Veröffentlichung bestimmt. Besondere Bedeutung hat das Werk von ARISTOTELES dadurch erhalten, weil er erstmals auf die Notwendigkeit der Philosophie für die Einzelwissenschaften hinwies. Hier hat er sich in wesentlichen Punkten, so in der Ideenlehre und in der Frage der Weltschöpfung, von PLATON abgegrenzt. Die Schriften des ARISTOTELES sind systematisch geordnet und beschäftigen sich mit den Gebieten Logik-Physik, einschließlich Naturwissenschaften, und Metaphysik sowie Ethik und Politik. Am Anfang stehen die logischen Schriften, dann folgen Erörterungen über den Satz und das Urteil und über die Methode des Beweisens und Definierens. Weitere Schriften befassen sich mit der Physik, den Körpern und der Bewegungslehre, biologischen Untersuchungen, Naturgeschichte, Tiergeschichte, dem Staat und seiner besten Verfassung sowie der politischen Erziehung. Weiterhin ist eine für sich stehende Kosmologie erhalten, in der die Transzendenz des Weltschöpfers vertreten wird.

ARISTOTELES befaßte sich auch mit der Verebnung der Erdoberfläche. Näheres dazu findet der Leser auf Seite 68. Das philosophische Werk des ARISTOTELES ist mit den Leistungen anderer Fachgelehrter seiner und der ihm nachfolgenden Zeit als Einheit zu betrachten. Ohne seine grundsätzlichen, der jeweiligen Fachwissenschaft übergeordneten Gedankengänge wäre manches Detailergebnis nicht vorstellbar.

In dem zweiten Drittel des vierten Jahrhunderts v. u. Z. wurde die Stadt Rom durch eine Verteidigungsmauer befestigt. In Athen gab es, nach heutigen Schätzungen, die zehnfache Anzahl von Sklaven, bezogen auf die freien Bürger, und der schon bekannte EUDOXOS errechnete und beschrieb den goldenen Schnitt. Die Griechen verwandten seit dem 4. Jahrhundert v. u. Z. in feinmechanischen Konstruktionen Zahnräder, später (seit dem 1. Jahrhundert v. u. Z.) setzten sie diese auch in größeren Konstruktionen ein. HERAKLEIDES PONTIKOS lehrte als erster das heliozentrische Weltbild und führte die Tageszeiten auf die Drehung der Erde zurück. ARISTOTELES bewies die Kugelgestalt der Erde an dem runden Begrenzungsschatten bei einer Mondfinsternis. Er führte den Nachweis für die gleichmäßige, zum Mittelpunkt der Erde gerichtete Anziehungskraft und sah im Echo eine Reflexion der Schallwellen. Während die Chinesen erste Versuche mit der Magnetnadel unternahmen, fand eine bedeutende Entdeckungsreise nach dem Norden statt. Sie war verbunden mit dem Namen PYTHEAS VON MASSILIA.

Mit diesem Mann lernen wir einen weiteren Wissenschaftler und wagemutigen Seefahrer kennen. Es wäre nicht vermessen, ihn als „Heyerdahl der Antike" zu bezeichnen. Sein berühmtes Werk „Über den Ozean" entstand in der ersten Hälfte des 4. Jahrhunderts v. u. Z. und war gleichzeitig für Rom die erste Kunde von dem Barbarenvolk der Germanen. Eine große Seereise führte PYTHEAS nach Gadeira, an die Nordküste Iberiens, nach dem Ostimnierland, an das Vorgebirge Kabaion, zu der Insel Quessant, an die Südküste Britanniens bis etwa zur Insel Wight, an das Kap North Foreland in Kent und an die Mündung des Rheins oder Elbe. Er berichtet aber auch über Gegenden, die er persönlich nicht besuchen konnte. Die Informationen stammen von Auskünften, die er in den verschiedensten Häfen erhielt. Er kannte Irland, und von der Insel Thule hörte er in Britannien.

PYTHEAS schlug eine neue Lösung der geographischen Probleme vor. Unter Verwendung der Methode des EUDOXOS zur Ermittlung der geographischen Breite und seiner Einteilung der Erde in Zonen bestimmte er die Breiten von Massilia, Britannien, Quessant, der Keltischen Parokeanitis, Irland und Thule. PYTHEAS entdeckte die Gleichheit zwischen der Polhöhe und der geographischen Breite eines Ortes. Aus seinen Beobachtungen schlußfolgerte er, daß der Ozean den ganzen Norden der Erde umgibt. Damit sollte bewiesen werden, daß die Ökumene eine Insel im Ozean sei. Auf PLATON zurückgehend beschreibt er die im gefrorenen Meer gemischten und schaukelnden Elemente, und dies inspirierte ihn sicherlich dazu, den Ozean als „Fessel des Kosmos" zu bezeichnen. Seine Beobachtungen von Ebbe und Flut, die er auf die Anziehungskraft des Mondes zurückführte, gehörten ebenso zu seiner Tätigkeit wie die Beobachtung der Sterne am Himmelspol. PYTHEAS beeinflußte das Bild, das sich die Griechen und Römer von West- und Nordeuropa machten, mehrere Jahrhunderte lang. Bewunderer und Skeptiker seiner Theorien standen und stehen sich bei der Beurteilung seines Werkes gegenüber. Die interessante Frage der Gegenwart besteht darin zu erfahren, ob PYTHEAS die

Naturerscheinungen interpretierte, um eine damals schon vorliegende Theorie zu beweisen, oder ob er seine Theorie anhand der Tatsachen selbst erarbeitete. Auch bei ihm wirkt sich der Mangel an überliefertem Material für die Klärung dieser Frage sehr nachteilig aus.

Um das Jahr 330 v. u. Z. wurde in Messene auf Sizilien DIKAIARCHOS geboren. Er sah sich als einen Schüler von ARISTOTELES und THEOPHRAST an. Das biographische Material von ihm ist mehr als dürftig. Er lebte später im Peripatos von Athen und zahlreiche Jahre auf dem Peloponnes. Der Aufenthalt dort führte zu einer Arbeit über Höhenmessungen der Berge. Genau bekannt ist, daß er den Olymp und den Pelion ausmaß. Im Hellenismus und in der frühen Kaiserzeit galt DIKAIARCHOS als einer der gelehrtesten und vielseitig interessiertesten Männer. Er verfaßte eine Seelenlehre und sprach der Seele ihre Unsterblichkeit ab. Zahlreiche biographische Studien sind von ihm bekannt. So befaßte er sich mit dem Leben des PYTHAGORAS. DIKAIARCHOS untersuchte das Leben und das Sterben und stellte fest, daß weit mehr Menschen im Krieg und durch Mord umkommen als durch Naturkatastrophen. Er schrieb eine Kulturgeschichte Griechenlands in drei Bänden, die später von POSEIDONIOS genutzt wurde. Literaturgeschichtliche Arbeiten über HOMER, ein Buch über ALKAIOS und Schriften zur Tragödie und Kömödie sind darüber hinaus entstanden. STRABON zählte DIKAIARCHOS zu den großen Geographen, weil er sich an der Diskussion über die Gestalt der Erde beteiligt hatte. DIKAIARCHOS' Schriften, wahrscheinlich auch die von ihm angelegten Materialsammlungen, wurden für nachfolgende Gelehrtengenerationen zu einer wahren Fundgrube.

Zu der Zeit, als ARISTARCHOS geboren wurde, bauten die Römer die erste gepflasterte Straße von Rom nach Capua. Diese 540 km lange und 8 m breite Straße ist unter dem Namen Via Appia in die Geschichte eingegangen. In Ägypten ersetzte man den Schreibpinsel durch angespitztes Schilfrohr, und THEOPHRAST schrieb seine große „Naturgeschichte der Pflanzen".

Der griechische Gelehrte ARISTARCHOS VON SAMOS lebte etwa von 320 bis 250 v. u. Z. und wurde besonders berühmt durch sein bei ARCHIMEDES überliefertes heliozentrisches Weltbild. ARISTARCHOS hatte dabei auch noch Vorläufer, und der Gedanke vom Heliozentrismus ist viel älter. PHILOLAOS (ein Zeitgenosse von SOKRATES) postulierte eine das „Zentralfeuer" umlaufende Erde und eine Gegenerde. Bei HERAKLIT umkreisen Venus und Merkur die Sonne.

Wie man bei VITRUV erfährt, ersetzte ARISTARCHOS den bis dahin verwendeten Schattenstab zur Beobachtung der Sonnenhöhe durch eine Kalotte. Solch eine Hohlkugelsonnenuhr (Skaphe) besteht aus einer hohlen runden Schale, auf deren innerer Fläche sich ein netzartiges Liniensystem befindet. Die Abläufe an der scheinbaren Himmelskugel lassen sich spiegelbildartig in der Halbkugel verfolgen, und mit Hilfe des nach mathematischen Gesichtspunkten angelegten Liniensystems können bestimmte astronomische Daten ermittelt werden. Das Gerät erhielt seinen Namen wegen der Ähnlichkeit mit einer kleinen Trinkschale, Scaphium.

Das von ARISTARCHOS gelehrte Weltbild war natürlich für seine Zeit revolutionär und zeigt uns, daß es eine so schöne und stetige Aufwärtsentwicklung des menschlichen Wissensstandes nie gegeben hat, wie man manchen Geschichtsdarstellungen entnehmen kann.

Viele unserer heutigen Erkenntnisse waren unseren fernen Vorfahren auch schon bekannt. So lehrte ARISTARCHOS, daß die Sonne und die Fixsterne unbeweglich am Firmament stehen, und die Planeten, einschließlich der Erde, um die Sonne kreisen. Das einzig erhaltene Werk von ARISTARCHOS besitzt leider keinen Hinweis auf das Weltbild seines Verfassers. Es enthält in 18 Propositionen im euklidischen Stil die Durchmesser und Entfernungen von Sonne und Mond, gemessen in Erddurchmessern. Er errechnete für die Entfernung Erde−Sonne einen Wert, der größer als 18 und kleiner als 20 Erde−Mond−Entfernungen ist. Für den Durchmesser der Sonne fand er einen Wert, der zwischen mehr als 6,33 und weniger als 7,17 Erddurchmessern liegt. Wie „grob" diese Angaben sind, zeigen die heutigen Werte: Die mittlere Entfernung des Mondes von der Erde beträgt etwa 384 400 km. Multipliziert man diesen Wert mit 20, so ergeben sich 7,69 Millionen km. Die tatsächliche mittlere Entfernung zwischen Erde und Sonne beträgt aber 149,6 Mio km, also das zirka 20fache. Ebenso falsch ist der ermittelte Sonnendurchmeser. Der Erddurchmesser beträgt rund 12 756,8 km, multipliziert man diesen Wert mit 7,17, so ergeben sich 91 466 km gegenüber dem tatsächlichen Wert von 2,78 Millionen km. Die Bedeutung dieser Berechnung liegt vielmehr darin, daß ARISTARCHOS sie überhaupt versuchte.

Der folgende Gelehrte führt den Leser in die Stadt Syrakus an der Ostküste Siziliens. Im Jahre 734 v. u. Z. von Korinth gegründet, geriet die Stadt 485 v. u. Z. unter die Herrschaft GELONS. Er machte Syrakus zu einer der wichtigsten Städte im westlichen Mittelmeer. Sein Nachfolger, HIERON I. (478−467 v. u. Z.), dehnte die Macht bis auf die süditalienischen Gebiete aus. Eine Belagerung durch die Athener, der Krieg mit den Karthagern und die Errichtung einer Tyrannis bestimmten das weitere Schicksal dieser Stadt. Im Jahre 287 v. u. Z. wurde hier der später berühmt gewordene ARCHIMEDES als Sohn des Astronomen PHEIDAS geboren. Durch einen Aufenthalt in Alexandria wurde er mit der dortigen Mathematikerschule bekannt. Nach seiner Rückkehr in die Heimatstadt widmete er sich mit großem Erfolg der Erweiterung der abstrakten Mathematik und der praktischen Mechanik. Seine Apparate und Maschinen, die er in eigener Werkstatt gebaut hatte, galten seinen Zeitgenossen als Wunder der Technik. Diesen guten Ruf konnte man damals sicher leichter erhalten als in der Gegenwart. Schon im Altertum rankten sich um diesen Mann viele Legenden. Als er einmal, in der Badewanne sitzend, das Gesetz des hydrostatischen Auftriebes fand, soll er „heureka" – ich habe es gefunden – gerufen haben. Dieser Ausruf, der als Inbegriff der Freude gilt, soll gelegentlich auch heute noch nach der Lösung eines schwierigen Problems verwendet werden.

Als die Römer unter MARCELLUS im Jahre 212 Syrakus einnahmen, fand ihn ein Soldat beim Zeichnen auf dem Boden seines Zimmers. „Noli turbare!" – störe mir meine Kreise nicht! – soll ARCHIMEDES ausgerufen haben, bevor der Soldat ihn niederstach.

Berühmt wurden sein Wasserheber, bekannt als die archimedische Schraube, sowie seine Winden, Flaschenzüge und Hebewerke. Von ihm stammt ein mit Wasser betriebenes Planetarium, denn unser Erfinder besaß bedeutende astronomische Kenntnisse. Zahlreiche Traktate von ihm sind erhalten. Für uns an dieser Stelle besonders interessant ist seine Abhandlung „De sphaera et cylindro". Gegenstand dieser Untersuchung war die Wiedergabe der Oberfläche eines Kegel- oder Zylindermantels als Kreisfläche, die Bedeutung dieser Abhandlung liegt in der aufgezeigten Möglichkeit der Verebnung der Erdoberfläche. ARCHIMEDES schrieb weiterhin eine dem König GELON gewidmete Arbeit über die Darstellbarkeit großer Zahlen. Da die Art und Weise des Rechnens interessant ist, sei sie hier kurz erwähnt. ARCHIMEDES ging davon aus, daß 10000 Sandkörner das Volumen eines Mohnkornes besitzen und von diesen wiederum 64000 auf eine Kugelschale von Fingerbreite passen. Er führt die Rechnung weiter und kommt zu einem Volumen für das Universum von 10^{51} eng gelagerten Sandkörnern. Die dazu mitgeteilten mathematischen Grundlagen beweisen einen sehr frühen Umgang mit Potenzen. In einer weiteren Untersuchung über die Kreisberechnung gibt ARCHIMEDES für die Zahl Pi einen Wert an, der dem heutigen nahe kommt. Er hat sich darüber hinaus mit zahlreichen anderen mathematischen und geometrischen Problemen befaßt, so etwa mit der Herstellung von Schnitten durch Rotations-Paraboloide und -Ellipsoide. Beim „Rinderproblem" stellt er die Aufgabe der unbestimmten Analysis, die Anzahl von Stieren und Kühen, unterteilt nach vier Farben unter Hinzufügung von neun kombinatorischen Bedingungsgleichungen zu ermitteln. Moderne Forscher haben herausgefunden, daß die Niederschrift des Ergebnisses 660 Seiten einer Zahlentafel zu je 2500 Ziffern erfordert hätte!

Für Geographen und Kartographen schuf ARCHIMEDES wichtige mathematische Grundlagen, auf denen spätere Wissenschaftler aufbauen konnten.

Unser Weg führt weiter nach Alexandria. Diese Stadt am Nildelta war im Altertum ein bedeutendes Wissenschaftszentrum. Hier arbeiteten während de griechisch-römischen Zeit die hervorragendsten Wissenschaftler. Sicher wirkten sich die Weltoffenheit dieser Hafenstadt und ihre hervorragenden Einrichtungen besonders günstig auf die Förderung der Wissenschaften aus. Als die Stadt noch in voller Blüte stand, wirkte hier ERATOSTHENES, der eine bedeutende Erdkarte zeichnete. Von ihm ist an vielen Stellen dieses Buches die Rede, deshalb sollen hier einige biographische Angaben folgen. ERATOSTHENES lebte von 284 bis 202 v. u. Z., erreichte also ein für die damalige Zeit recht ungewöhnliches Alter von 82 Jahren. Er war ein vielseitig interessierter griechischer Gelehrter und Schüler des KALLIMACHOS. Seit dem Jahre 246 v. u. Z. arbeitete er als Direktor der Bibliotek von Alecandria. So verfügte er sicherlich über ein Großteil der damals vorhandenen Literatur. Seine wissenschaftlichen Arbeiten betrafen die Gebiete Philologie, Grammatik, Literaturgeschichte, Mathematik, Chronologie, Astronomie und vor allem Geographie. Seine Schriften sind leider, bis auf wenige Fragmente, verschollen. Mit der Bestimmung des Erdumfanges wurde er zum Begründer de mathematischen Geographie. Er fand die theoretische Begründung zur Realisierung der Erdumsegelung und teilte für die Konstruktion seiner Erdkarte die Erdoberfläche in Vierecke ein. Entgegen vielen seiner Zeitgenossen sprach ERATOSTHENES dem HOMER jede Autorität in geographischen Fragen ab. Er stützte sich vor allem auf die Untersuchungen von ANAXIMANDER und HEKATAIOS. Wie HERODOT schloß er aus den Funden von Meeresmuscheln im Gebirge auf ständige Veränderungen der Erdoberfläche. Für seine Erdkarte prüfte ERATOSTHENES sorgfältig das vorhandene geographische Wissen und übernahm nur gesichete Erkenntnisse. Von ERATOSTHENES' Gedichten über Sternbilder und Sternsagen sind ebenfalls nur Fragmente vorhanden. ERATOSTHENES bekam den Spitznamen „Beta" – Nr. 2. Aus welchem Grunder er diesen Namen erhielt und ob er ihn schon zu Lebzeiten trug, ist nicht bekannt. „Immerhin", lesen wir bei PAULY (1964, Stichwort Eratosthenes) „war er zur Zeit der beginnenden Spezialisierung wohl der letzte Universalgelehrte, und für einen solchen ist der zweite Platz in mehr als einer Disziplin recht ehrenvoll."

Wenige Jahre vor der Geburt des uns nun interessierenden Gelehrten POLYBIOS wurde in China die große Mauer zum Schutz des Reiches vollendet, die Griechen führten das erste Mal Operationen am Auge aus, und man begann, die Bronzefeilen durch Eisenfeilen zu ersetzen. Komma, Punkt und Bindestrich wurden im Jahre 205 v. u. Z. in die griechische Schrift eingeführt, und man prägte in Rom das erste Gold. Es war die Zeit nach dem Zweiten Punischen Krieg, als in Megalopolis um 200 v. u. Z. der griechische Geschichtsschreiber POLYBIOS geboren wurde. Er versuchte, die Geschichte in ihren ursächlichen Zusammenhängen zu erfassen und darzustellen. Die Erforschung der Ursachen für geschichtliche Ereignisse und der Ziele der handelnden Personen brachte ihm den Nachweis, daß man aus der Geschichte für die Gegenwart und Zukunft nützliche Lehren ziehen kann. POLYBIOS stammte aus einer der ersten Familien in Megalopolis. Von seinem Vater zu politischem Handeln erzogen, wurde POLYBIOS um 169 v. u. Z. Hipparch des Bundes (oberster Befehlshaber der griechischen Reiterei). Nach dem Sieg bei Pydna gelang es der romfreundlichen Gegenpartei, tausend Vertreter unter der Anklage der Makedonenfreundlichkeit zur Aburteilung nach Italien zu deportieren, unter ihnen POLYBIOS. Er war damals schon ein bekannter Schriftsteller und durfte in Rom bleiben, wo er zum Freund und Mentor des ihn bewundernden römischen Konsuls und Feldherrn SCIPIO DES JÜNGEREN wurde. Im Jahre 150 v. u. Z. kehrte er in die Heimat zurück und wurde ein Jahr später zum militärischen Berater berufen. Seit dem Jahre 148 v. u. Z. bis zur Zerstörung Karthagos gehörte er in Afrika zu SCIPIOS Stab. In dieser Zeit fand wahrscheinlich auch jene Forschungsreise statt, die POLYBIOS an der Spitze der Flotte SCIPIOS längs der Nord- und dann der Westküste Afrikas bis zu dem heute nicht mehr bekannten Fluß Anatis führte. Nach der Zerstörung Karthagos reiste POLYBIOS nach Achaia, um in dem sinnlosen Aufstand gegen die Römer seinen Landsleuten zu helfen. Sein Ansehen bei den Römern war so groß, daß er bei der mit der Neuordnung des Staates beauftragten Zehnergruppe zahlreiche Milderungen für seine Leute durchsetzte. Für diese Hilfe nahm er von zahlreichen Städten des Peloponnes Ehrungen entgegen. POLYBIOS starb im Alter von 82 Jahren durch den Sturz von einem Pferd.

Sein Hauptwerk ist die Universalgeschichte. Inhaltlich geht das Werk darauf ein, wie Rom in knapp 53 Jahren, vom Beginn des Ersten Punischen Krieges (264 v. u. Z.) bis zum Zusammenbruch des makedonischen Reiches durch die Schlacht bei Pydna (168 v. u. Z.) zur Weltherrschaft gelangte. Der erste Satz seiner Universalgeschichte lautet: „Wenn von den Geschichtsschreibern vor uns das Lob der Geschichte mit Stillschweigen übergangen worden wäre, dann würde es vielleicht notwendig sein, alle zum eifrigen Studium solcher Werke zu ermuntern, da nichts geeigneter ist, uns den rechten Weg zu weisen, als die Kenntnis der Vergangenheit" (POLYBIOS 1961, I, 1). POLYBIOS hatte zunächst neunundzwanzig Bände fertiggestellt, doch das Erlebnis der sinnlosen Zerstörung Karthagos und Korinths (146 v. u. Z.) veranlaßte ihn, das Werk doch noch fortzusetzen. So entstanden schließlich vierzig Bände. Sicher stammten seine Erkenntnisse von der Wesensart der Römer, von den Quellen ihrer Kraft sowie dem Aufbau und den Zielen des Staates aus seinem direkten Erleben in Rom. Von seinem Gesamtwerk ist ein Drittel erhalten geblieben, die Bände 1 bis 5 vollständig, von den übrigen nur Auszüge. POLYBIOS äußert sich an vielen Stellen seines Werkes auch über die Bedeutung der Wahrheit in der Geschichtsschreibung. Eine Belehrung kann die Historie nur dann erzielen, wenn „sie die Begebenheiten der Vergangenheit streng nach der Wahrheit wiedergebe. Zwar sei kein Mensch gegen Irrtümer aus Unkenntnis gefeit, aber ein vorsätzlicher Verstoß gegen die Wahrheit sei unverzeihlich. – Von zwei Seiten sei sie in der Geschichte gefährdet: von der Sucht, den Leser durch die Erzählung erstaunlicher Dinge zu fesseln . . . sowie durch die Unfähigkeit zur Objektivität und durch Parteilichkeit, entweder aus Liebedienerei gegen Mächtige oder aus an sich löblichem, dem Historiker aber unerlaubtem Patriotismus. Meiden müsse er auch, bei aller nötigen Kritik, kleinliche Schmähsucht . . . und literarische Eifersucht" (PAULY 1964, Stichwort Polybios).

POLYBIOS war nicht religiös und setzte sich mit jeder Form der Religiosität scharf auseinander. Für ihn war die Religion der Sache nach „Opium des Volkes". Sie konnte benutzt werden, um der haltlosen Masse den Willen der Regierenden aufzuzwingen. Seine Leistungen auf topographischem und geographischem Gebiet werden von PAULY (ebd.) nicht besonders hoch eingeschätzt: „Die Topographie von Carthago nova ist evident fehlerhaft und in der Geographie interessierten ihn nur die praktischen Ergebnisse, keinesfalls aber die mathematisch-astronomischen Voraussetzungen. Polybios hat die Leistungen Eratosthenes und Pytheas banausisch herabgewürdigt. Er ist auf diesem Gebiet nicht besser als andere Historiker, die er tadelt." Dem möchte der Autor nicht vollständig beipflichten. POLYBIOS hat mit seinem Werk zur Verbreitung geographischer Kenntnisse und Vorstellungen beigetragen. Insbesondere hat er darauf hingewiesen, wie wichtig geographische Kenntnisse für das Verständnis der Geschichtsschreibung sind.

Folgen wir noch einmal seinen Worten: „Damit aber unsere Erzählung nicht durch die Unkenntnis der geographischen Verhältnisse völlig unverständlich bleibt, müssen wir angeben. . .", wo sich die Geschehnisse abgespielt haben. „Und zwar dürfen wir uns nicht mit der bloßen Angabe von Namen der Länder, Flüsse und Städte begnügen, wie dies einige Geschichtsschreiber tun, die meinen, daß dies überall zum Verständnis und zur Klarheit ausreichend sei. Meiner Meinung nach trägt allerdings bei bekannten Gegenden das Anführen der Namen nicht wenig, sondern viel dazu bei, sie nur in Erinnerung zu rufen, bei völlig unbekannten dagegen, hat die Angabe der Namen ebensowenig Wert, wie unverständliche, nur akustisch wahrgenommene Worte. Denn, da der um das Verstehen bemühte Geist sich auf nichts stützen, das Gehörte an nichts Bekanntes anknüpfen kann, bleibt die Erzählung beziehungslos und leer. Daher muß ein Weg gezeigt werden, auf dem es möglich wird, wenn man über Unbekanntes zu sprechen hat, die Leser bis zu einem gewissen Grade zu wahren und vertrauten Vorstellungen zu führen" (POLYBIOS 1961, III, 36). POLYBIOS hielt sich an dieses Prinzip und beschrieb vor der Geschichte immer den geographischen Schauplatz. Schon dadurch kommt seinen Werken eine besondere Bedeutung zu.

Gegen Ende seines Lebens entwickelte sich POLYBIOS, ohne seiner Heimat untreu zu werden, von einem Gegner Roms zu einem Bewunderer des Weltreiches. Nach seiner Meinung basierte die Weltherrschaft Roms auf der Tüchtigkeit und Klugheit der Bewohner des Imperiums.

Im Laufe der Geschichte der Geographie trugen immer wieder Astronomen einen erheblichen Teil zur Verbesserung der Darstellbarkeit der Erdoberfläche bei. Von HIPPARCHOS VON NIKÄA wissen wir, daß er seine Werke zwischen den Jahren 161 und 127 v. u. Z. schrieb. Sein einzig erhaltenes Werk ist ein astronomisch-kritischer Kommentar zu den „Phainomena" des EUDOXOS. Dieser enthält zunächst eine Beschreibung des Fixsternhimmels von Athen und eine Kritik an EUDOXOS' Zuordnung der außerhalb des Tierkreises befindlichen Sterne zu den mit ihnen gleichzeitig aufgehenden Sternen des Tierkreises. Das Buch beinhaltet weiter einen Sternenkatalog, der die Ergebnisse der kritischen Untersuchungen zusammenfaßt und den Sternenhimmel von Rhodos beschreibt. Besondere Bedeutung für die Praxis wird ein Verzeichnis von markanten Sternen besessen haben, mit denen man die 24 Äquatorialstunden am Himmel ablesen kann, gewissermaßen also ein Art Sternzeituhr. Man schließt aus, daß HIPPARCHOS alle diese Daten aus eigenen Beobachtungen gewonnen hatte, sie müssen zum großen Teil auch auf Umrechnungen beruhen. Diese Berechnungen waren für die damalige Zeit kompliziert und setzten Sehnen- (Sinus-) Tabellen voraus. Damit kann HIPPARCHOS als Schöpfer der Trigonometrie gelten. Es gibt aber im Schaffen dieses Mannes noch einen weiteren interessanten Aspekt: Der Sternenkatalog, den HIPPARCHOS zusammenstellte, setzt die Benutzung von Präzisionsinstrumenten voraus. Er stellte als erster bekannter Forscher die Neigung der Erdachse fest und schrieb darüber eine Monographie. Auf Grund der angegebenen Sternenpositionen kann man schlußfolgern, daß er zumeist auf Rhodos wirkte. In seiner Arbeit über Größe und Entfernungen von Sonne und Mond werden die von ARISTARCHOS gefundenen Werte berichtigt. HIPPARCHOS stellte fest, daß man eine korrekte Erdkarte nur anhand von astronomischen Beobachtungen zuverlässig zeichnen kann. Bei seinem Mißtrauen gegenüber astronomisch nicht ausreichend fundierten Angaben tritt er sogar für die Verwendung der homerischen Epen als geographische Quelle ein. HIPPARCHOS wurde zu einem der bedeutendsten Astronomen der Antike. Er kritisierte die theoretisch-spekulative Arbeitsweise in der Astronomie und machte aus ihr eine praxisorientierte Wissenschaft.

Ein weiterer bedeutender Gelehrter des Altertums war POSEIDONIOS aus Apameia in Syrien, der von etwa 135 bis 51 v. u. Z. lebte. Die ersten Jahre seines Lebens verbrachte er in Athen und war ein Schüler des griechischen Philosophen PANAITIOS. Später arbeitete er in Rhodos und hatte von hier aus zahlreiche Verbindungen zu Rom, wo wir ihn im Jahre 87 v. u. Z. als Gesandten von Rhodos antreffen. Er befreundete sich mit dem römischen Feldherrn und Staatsmann POMPEIUS MAGNUS und verteidigte seine Politik. POSEIDONIOS unternahm zahlreiche Reisen, so nach den römischen Provinzen Hispania und Lusitania sowie nach Nordafrika. Er gilt heute als bedeutender Historiker, Geograph und Philosoph. Durch STRABONS Werke haben sich wichtige Passagen teils als Referat, teils durch Polemik überliefert. POSEIDONIOS versuchte als erster, aus den bislang üblichen Erdbeschreibungen eine Erdgeschichte zu erarbeiten. So erklärte er beispielsweise die Entstehung der Inseln und der Meeresarme durch Hebung und Senkung des Meeresbodens. Seine Lehre ließ aber noch Platz für die Katastrophentheorie, d. h. neben den regel- und gesetzmäßigen Vorgängen haben auch zahlreiche partielle katastrophenartige Ereignisse zum heutigen Aussehen der Erdoberfläche beigetragen. Weitere Arbeiten des POSEIDONIOS befaßten sich mit der Ethnographie. Er interessierte sich nicht nur für das Aussehen der Erdoberfläche, sondern auch ganz besonders für die in den verschiedensten Gebieten lebenden Menschen. Möglicherweise beruhen die Nachrichten Cäsars und Tacitus' über die Germanen auch auf Informationen des Poseidonios.

Sein Geschichtswerk umfaßte 52 Bände. Er schloß inhaltlich an die Arbeit von Polybios an und setzte diese fort. Poseidonios' Geschichtswerk behandelte die Zeit von 144–86 v. u. Z. Die philosophischen Erkenntnisse in seinen Werken sind, wie wir heute wissen, teilweise auch falsch: Die Menschheit sinkt, ethisch gesehen, von einer Generation zur anderen tiefer herab, und der gesamte Verlauf der Geschichte sei ein Beweis für die voranschreitende Entartung der Menschen. Dies entspricht der altstoischen, nach dem Ort Stoa benannten Theorie von einem katastrophalen Ende der Welt und der Menschheit. Poseidonios ordnete den Menschen neu in den Kosmos ein. Er betrachtete als erster den Menschen innerhalb aller Gesetzmäßigkeiten stehend, die im Kosmos wirken. Er nahm aber an, daß der Kosmos ein lebendes Wesen sei, in dem sich eine Fülle von Wechselbeziehungen abspielen. Die Äußerungen dieses Körpers sind im Zusammenhang mit seinen Funktionen zu sehen. So bekam auch die Kausalität eine neue, weitgreifendere Definition. Die Weissagung aus Blitzen oder die Einholung anderer Orakel, die sich ja alle auf funktionale Äußerungen des Körpers zurückführen lassen, können damit „wissenschaftlich" begründet werden. Poseidonios hielt den Logos für ein Organ des geistigen Kontaktes. Solange die Seele durch den logoswidrigen Körper beschwert ist, fällt ihr dieser Kontakt schwer. Im Traum aber oder nach dem Tode tritt sie dann in Austausch mit anderen Seelen und Wesen höherer Art, Dämonen und Göttern, was zur Kenntnis aller Ursachen führt, und wer diese kennt, weiß auch die Wirkungen. Poseidonios untersuchte weiterhin die Riten ferner Völker und die Geschichte der Griechen und Römer. Seine bedeutsame Schlußfolgerung: Früher war der Logos den Menschen näher als jetzt. Alte Dichtungen, Rechtsvorschriften, Mythen und Sagen zeugen von einer Intensität des Logos, die nunmehr verloren sei. Nur in den Riten fremder Völker lebt die zum Teil von den heutigen Menschen mißverstandene alte Weisheit fort. Zu Beginn der menschlichen Zivilisation gelangen die wichtigsten Erfindungen wie Kleidung, Behausung, Anbau des Getreides usw. Doch nach dem Notwendigen folgte das Wertwidrige: Erfindung der Waffen, der Schiffahrt und der Teilung der Anbauflächen. Die Menschheit verfeinert ihre Lebensführung ständig, aber ethisch geht es abwärts. Mehr und mehr verliert sie den Kontakt mit dem Logos, und nur die Philosophen vermögen ihn unter großen Schwierigkeiten zu wahren. Eines Tages gibt es keinen Logos mehr. Sobald er sich zurückzieht, muß die Welt durch Selbstentzündung zugrunde gehen. Da aber alle Ursachen ewig wirken, wird die Welt nach dem Brand gleich wieder neu entstehen und der Logos in vollendeter Weise wieder vorhanden sein. Mit der Verkündung des Logos reihte sich Poseidonios in die Masse der Philosophen des Altertums ein. In seinen Lehren suchte Poseidonios die im Weltall wirkende Ordnung als göttlich zu deuten. In vielen Äußerungen glich er die griechische Philosophie dem römischen Denken an.

Mit der Machterweiterung des römischen Imperiums stellten sich immer mehr griechische Wissenschaftler in den Dienst Roms. So kam es zur weiteren Verschmelzung dieser beiden Kulturen. Es gehörte zum „guten Ton", auch mal in Rom gearbeitet oder gelehrt zu haben. ARTEMIDOROS aus Ephesos war ein griechischer Geograph und Staatsmann. Er lebte um 100 v. u. Z. und beschrieb hauptsächlich die Gebiete um das Mittelmeer. Von seinem Werk sind nur Fragmente erhalten. ARTEMIDOROS unternahm zahlreiche Reisen, die er in den elf Büchern der „Geographumena" literarisch auswertete. Dieses Werk entsprach dem Stil eines Periplus (das war eine Reisebeschreibung) und stand im Widerspruch zur astronomisch-mathematischen Geographie des ERATOSTHENES. Diesbezüglich bedeutete das einen Rückschritt. ARTEMIDOROS' Schriften wurden von STRABON und PLINIUS weiter verwendet und auch gewürdigt.

Mittlerweile war in Rom CÄSAR an der Macht, und eine Blütezeit bahnte sich an, in der Kunst und Wissenschaft gleichermaßen gefördert wurden. In dieser Epoche lebte DIODOR AUS AGYRION. Er schrieb eine 40bändige Universalgeschichte, von der die Bücher 1–5 und 11–20 vollständig erhalten sind. Sein Werk beginnt mit einer Kulturentstehungslehre und mit bis in mythische Zeiten zurückgehenden Ausführungen zur Archäologie. In den Büchern werden beschrieben: Mesopotamien, Indien, Skythien, Arabien, Nordafrika, Griechenland und Europa. Die Bände 7–17 berichten vom Trojanischen Krieg bis zur Zeit von ALEXANDER DEM GROSSEN und die Bände 18–40 von den Feldherren, die nach dem Tod ALEXANDERS das Reich unter sich aufteilten, bis zur Zeit CÄSARS. Das Werk des DIODOR stellt eine Kompilation der Schriften früherer Autoren dar, und seine Wissenschaftlichkeit läßt sich deshalb nicht einheitlich beurteilen. Die Teile seiner Arbeit sind nur so gut wie die Quellen, auf denen sie beruhen. Trotzdem wurde seine Historische Bibliothek sehr populär und dient als Hauptquelle für die Geschichte Siziliens und des sizilianischen Sklavenaufstandes.

Inzwischen nähern wir uns immer mehr der Zeitenwende, die natürlich für die damals lebenden Griechen und Römer noch nicht existierte. Die Völker des Alten Orients leiteten ihre Zeitrechnung von für sie wichtigen historischen Ereignissen ab. Dadurch hatten viele Zeitrechnungen nur territorialen Bezug. Dies macht exakte Datierungen heute oft schwierig. Die alten Hebräer sahen im Jahre 3761 v. u. Z. den Anfangspunkt der menschlichen Entwicklung. Zu diesem Zeitpunkt soll nach ihrer Ansicht die Welt erschaffen worden sein. Nach diesem Datum richtet sich heute noch die jüdische Zeitrechnung. Die Griechen sahen dagegen das Jahr 776 v. u. Z. als ein besonders bedeutsames Datum an. Es war das Jahr, aus dem die erste Siegerliste der panhellenischen Spiele von Olympia stammte. Für die Römer war das sagenhafte Datum der Gründung der Stadt Rom, das Jahr 753 v. u. Z., der Anfangspunkt ihres Kalenders. Die genannten Zeitrechnungen erleichtern, da sie bekannt sind, anhand von chronologischen Vergleichen die heutige Forschung. Die Mohammedaner beginnen mit ihrem Kalender im Jahre 622, es war das Jahr der Hedschra. Unsere heutige Zeitrechnung geht auf die römischen Christen zurück und wurde schließlich auf Anregung des Abtes DIONYSIUS EXIGUUS, der zwischen 500 und 545 in Rom lebte, eingeführt. Den ersten schriftlichen Nachweis für die Verwendung dieser Zeitrechnung bildet die Inschrift auf dem Grabmal KARLS DES GROSSEN, denn dort steht, daß er im Jahre 814 nach Christi Geburt verstorben ist. Erst um das Jahr 1000 setzte sich diese Zeitrechnung endgültig durch. Im 18. Jahrhundert führte der französische Chronologe PETAVIUS dann auch die rückwärtige Zählung der Jahre vor Christi Geburt ein. Damit wurde eine einheitliche Zeitrechnung für die gesamte Weltgeschichte ermöglicht. Um die Angabe eines Datums unabhängig vom religiösen Glauben zu machen, verwendet man heute häufig die Bezeichnungen vor bzw. nach Beginn unserer Zeitrechnung (v. u. Z. bzw. u. Z.).

Der nun folgende Wissenschaftler lebte um die Zeitenwende. Es handelt sich dabei um den im Winter 64/63 v. u. Z. geborenen STRABON. Zunächst in Amaseia aufgewachsen, ging er später dann nach Rom und Alexandria, um von berühmten Lehrern unterrichtet zu werden. Er besuchte wichtige Kriegsschauplätze in dem Zeitalter nach SULLA. STRABON war ein griechischer Geograph und Historiker und entstammte einer vornehmen Familie. Er unternahm mehrere große Reisen in Kleinasien und Griechenland, fuhr mehrmals nach Italien, wo er Rom, Etrurien und Kampanien besuchte, in Ägypten reiste er nilaufwärts bis nach Syene und zur Insel Philai an der nubischen Grenze. STRABON starb im hohen Alter von ungefähr 86 Jahren.

Der Stoff für seine „Geographika" wurde zwischen den Jahren 20 und 7 v. u. Z. gesammelt. Das heute noch vorhandene 17bändige Werk ist sehr heterogen, und man nimmt an, daß STRABON einzelne Kapitel nur im Entwurf hinterlassen hat, die dann später von nachfolgenden Autoren redigiert und leider auch ergänzt worden sind. Die Originaltextstellen lassen sich durch den „strabon'schen Stil" erkennen. Er ist trocken, nüchtern, hart und dürftig. Die Quellentexte sind mit Erläuterungen STRABONS versehen. Zu den zitierten Autoren gehören ERATOSTHENES, HIPPARCHOS und vor allem POLYBIOS und POSEIDONIOS. Es gibt keinen Zweifel: Das von STRABON dargelegte Wissen kann unmöglich aus einem Menschenleben stammen. Zunächst setzte sich STRABON in den Bänden 1 und 2, wie es auch heute noch bei vielen Wissenschaftlern üblich ist, mit seinen Vorgängern auseinander. Dies geschah in heute durchaus noch anzutreffender Art und Weise: ERATOSTHENES wirft er vor, HOMER ernsthafte geographische Kenntnisse abgesprochen zu haben und greift ihn vor allem wegen seiner kartographischen Irrtümer an. POSEIDONIOS hält er vor, an eine bewohnte Äquatorialzone geglaubt zu haben. An POLYBIOS kritisierte er, daß er die Dimensionen der Kontinente schlecht vergleichbar gestaltet und völlig zu Unrecht Europa in Vorgebirge unterteilt hat. Die Bände 3 bis 6 beschreiben die Iberische Halbinsel, Gallien mit den bretonischen Küsten und die Alpen. Weiterhin ist in diesen Büchern die Beschreibung Italiens enthalten. Band 7 geht auf den Norden Europas, die Gebiete beiderseits der Donau von Germanien bis zum taurischen Chersonesos, Illyrien, Epirus, Thessalien und Makedonien ein. Die Bände 8 bis 10 enthalten die Beschreibung von Griechenland, den Inseln des Ionischen und Ägäischen Meeres und behandeln vor allem die in den homerischen Werken aufgeführten Orte. Im Band 11 beginnt die Beschreibung Asiens mit dem Kaukasus, Turkestan, Medien und Armenien. Band 12 enthält Angaben über Phrygien und die Nordküste Kleinasiens. Die Bände 13 und 14 beschreiben Troja mit den angrenzenden Gebieten und die kleinasiatische Küste. Der Band 15 berichtet über Indien und den Persischen Golf. Die darin enthaltenen Informationen stammen von dem Feldzug ALEXANDER DES GROSSEN. Band 16 behandelt Assyrien, Syrien und Arabien. Als letzer Band schließt sich Band 17 an. In ihm werden Afrika und Libyen und Mauretanien beschrieben.

STRABON stand der Nutzung astronomischer Werte für die Kartographie ablehnend gegenüber. Er verkörpert damit nicht den Stand seiner Zeit. STRABON entlehnte von ARTEMIDOROS die Art und Weise seiner geographischen Beschreibungen. Die Bedeutung STRABONS liegt nach all dem Gesagten weniger in den Beschreibungen eigener Reiseeindrücke, sondern vielmehr in der Bewertung und Bewahrung des bereits vor seiner Zeit vorhandenen Wissens. Wir würden ihn heute als Wissenschaftspublizisten bezeichnen und tun ihm damit nicht Unrecht. Die Historiker schätzen heute ein, daß STRABON sich ständig bemühte, in seiner Arbeit nur solche Fakten zu verwenden, die von Augenzeugen stammten. Diese Arbeitsweise gehört zu den wertvollsten Elementen seiner wissenschaftlichen Tätigkeit. Bis zum 5. Jahrhundert blieb das Werk STRABONS ziemlich bedeutungs- und wirkungslos, wurde aber danach bis hinein ins 15. Jahrhundert häufig vervielfältigt und benutzt.

Informationen aus dem Norden erhielt die antike Welt durch den griechischen Geographen PHILEMON, dessen Arbeiten in die 1. Hälfte des 1. Jahrhunderts fallen. Sie stellen eine ausgezeichnete Quelle für die Frühgeschichte Germaniens dar. Leider sind von seinem Werk nur wenige Fragmente erhalten, sie befassen sich mit Irland und Nordeuropa. Die Erwähnung eines vom Meer des Todes, das von PYTHEAS genannt wurde, weiter nördlich gelegenen Mare Cronium deutet darauf hin, daß PHILEMON vor allem auf die Vollständigkeit des Wissens über die nördlichen Gebiete bedacht war. In PHILEMONS Schriften sind die zahlreichen römischen Berichte über die Entdeckung der Ostsee um das Jahr 5 überliefert.

Wir sind nunmehr bei der Abhandlung der antiken Wissenschaftler mitten im 1. Jahrhundert unserer Zeitrechnung angelangt. In Rom stellte man Schreib- und Reißfedern aus Metall her. Kaiser TIBERIUS gründete eine Hypothekenbank, und der Aprikosenbaum, ursprünglich aus Vorderasien stammend, wurde in Italien erstmalig angebaut. Seine Früchte wurden sogleich zur Delikatesse der gewiß lukullisch verwöhnten Römer. SENECA faßte 5000 stenographische Zeichen zusammen und schuf damit die Möglichkeit, die Kaiserreden „life" mitzuschreiben. Ebenfalls in Rom fertigte man im Jahre 54 erstmals ärztliche Operationsbestecke mit mehr als einhundert Instrumenten an. In Gallien verwendete man zu dieser Zeit Seife aus Fett und Asche zur Haarpflege. Im Jahre 71 kamen in Rom Drehschlüssel mit kunstvollen Bärten in Gebrauch.

Im Zentrum des Imperiums begegnen wir nun einem der bedeutendsten Wissenschaftler des klassischen Altertums. Sein Name: PLINIUS DER ÄLTERE. Er schrieb mit seiner „Naturalis historiae" das in dieser Art einzige, weitgehend erhalten gebliebene Lehrbuch der Antike. Dadurch wird er für uns zum bedeutendsten Informanten antiker Wissenschaft, Religion, Kulturgeschichte und Geographie. PLINIUS wurde im Jahre 23 oder 24 in Novum Comum als Sohn eines reichen römischen Ritters geboren und wurde in Rom unterrichtet. Während seines Militärdienstes kam er nach Unter- und Obergermanien, besuchte die heißen Quellen von Wiesbaden und die Donauquellen. In diese Zeit fallen seine ersten historischen und forensischen Studien. Beim Fest der Einweihung des Fucinerseekanals im Jahre 52 sieht er das Römerlager Vetera und dort die Kaiserin AGRIPPINA. Es war die AGRIPPINA, die ihren Mann, Kaiser CLAUDIUS, ermordete, um den mißratenen Sohn NERO auf den Thron zu bringen. Am 30. April 59, manchmal bietet die Geschichte auch sehr genaue Daten, beobachtete PLINIUS eine Sonnenfinsternis in Kampanien. Um 67/68 wird er Stellvertreter des Präfekten des Heeres in Judaea. Mit der Ernennung VESPASIANS zum Kaiser begann für PLINIUS eine Zeit umfangreicher Reisen. Afrika, Spanien, Gallien und Belgien waren nur einige seiner Ziele. Nachdem er nach Italien zurückgekehrt war, ernannte man ihn zum Flottenpräfekten von Misenum. Dort wohnte er mit seiner verwitweten Schwester PLINIA und deren im Jahre 79 18jährigem Sohn, den PLINIUS testamentarisch adoptierte. Wir kennen ihn als PLINIUS DEN JÜNGEREN. Von ihm stammt der Bericht über den Tod seines Onkels beim Ausbruch des Vesuvs im August des Jahres 79. Auf einer Bootsfahrt zur Beobachtung dieses Naturschauspiels erkannte PLINIUS DER ÄLTERE bald den Umfang der Katastrophe und die Gefahr für die Menschen. Aus der Fahrt wurde eine umfangreiche Rettungsaktion. PLINIUS brachte die Menschen nach Stabiae zur Villa des POMPONIANUS, wo ihn die Seewinde an der Wiederabfahrt hinderten. Ascheregen und die Gase des Vesuvs setzten dem Asthmatiker so zu, daß er beschloß, trotz der allgemeinen Panik zu ruhen. Man weckte ihn kurz darauf und versuchte, ihn vor den Erdstößen auf ein Schiff zu retten. Doch der 56jährige brach aufgrund seiner Atemnot zusammen und blieb zurück. Drei Tage später fand man seinen völlig erhaltenen Leichnam.

Es ist in diesem Buch nicht der Platz, über die vielen Werke von PLINIUS zu berichten, die sich mit Kriegstechnik, Lobpreisung von Freunden, der

Darstellung sämtlicher Kriege der Römer gegen die Germanen, Studien zur Rhetorik und anderem befassen. Uns interessiert besonders die „Naturalis historae", seine enzyklopädische Naturkunde. Den Aufwand, den PLINIUS dafür betrieb, machen vielleicht die folgenden Angaben deutlich. Das Werk ist das Ergebnis einer jahrzehntelangen Materialsammlung. PLINIUS besaß eine für die damaligen Verhältnisse unvorstellbar umfangreiche Bibliothek und eine Sammlung von 20000 (!) Exzerpten. Der Verfasser arbeitete nahezu ohne Pause und nutzte sogar die langen Reisezeiten für die Erstellung seiner „Naturalis historae". Das Werk beginnt im Band 1 mit einem Register und einem spezifizierten Inhaltsverzeichnis der einzelnen Bände, ergänzt durch die Listen der Quellenautoren, die nach Griechen und Römern geordnet sind. Band 2 enthält die Lehre vom Weltall, die Bände 3 bis 6 beinhalten eine Länderkunde in Periplusform mit der Beschreibung Nordeuropas, Afrikas von Mauretanien bis Ägypten, des Mittelmeerraumes, des Kaspischen Meeres und verfolgen den Feldzug ALEXANDER DES GROSSEN über Vorderasien und Arabien nach Indien. Im Anhang findet man Angaben über die Größe der Erdteile und Tafeln der Klimazonen. Bekannt ist, daß PLINIUS für die Beschreibung des römischen Gebietes neben Periegesen (Orts- u. Länderbeschreibungen, exakt „das Herumführen und Erklären") und Landkarten, vor allem wichtige statistische Materialien aus dem Staatsarchiv verwenden konnte. Dazu gehörten alphabetische Zensuslisten der elf Regionen Italiens und Städtelisten, die nach den Gerichtsbezirken in den Provinzen geordnet waren. Der als Leitfaden dienende Periplus stammte wahrscheinlich nicht, wie von einigen Autoren angenommen, von dem römischen Historiker VARRO (116−27 v. u. Z.). Die weiteren Bände berichten von nahezu allem, was die Natur dem forschenden Menschen an interessanten Dingen bietet. Deshalb möchte der Autor hier noch einige Themen nennen: Völkerkunde, Landtiere, Wassertiere, Seeungeheuer, Fische, Vögel, Insekten, die Bienenkunde, allgemeine Zoologie; Pflanzenkunde, exotische Bäume, Gewürze, Papyrus, der Weinstock, seine Pflege und Behandlung, Kulturgeschichte des Weines, Botanik der Bäume, Kulturgeschichte der Ehrenkränze, Gebrauch von Eicheln, Holzkohle und Schindeln, Ackerbau, historische Getreidearten und ihre Verwendung, Bauernkalender, Weinlese, prognostische Wetterkunde, Geschichte des Gartenbaues, Gemüsearten, Pharmaka aus Pflanzen, Farbstoffe, medizinische Anwendung von Öl und Wein (letzteres leider heute aus der Mode gekommen), Kräuter mit magischer Wirkung, Systematik wilder Heilpflanzen; Geschichte der Medizin nach VARRO, Psychodrogen, Pharmaka aus Wasser und Wassertieren, Wasser mit heilender Wirkung, Metall- und Steinkunde, Archäologie des Silber- und Goldbergbaues, Münzwesen, Geschichte der Bronzeplastik, Künstlergeschichte, Mineralfarben, Geschichte der Malerei und der Tonplastik, Geschichte der Marmorskulpturen, römische Baustile und Mosaikkunst, Glasverarbeitung, Gemmen und Edelsteine sowie andere kostbare Naturprodukte.

Es war die Leitidee des PLINIUS, die Entfaltung der Natur mit allen ihren Bezügen zum Leben der Menschen, ihre Größe und Güte zu würdigen. Er warnte vor dem Mißbrauch der Natur durch die Menschen und kritisierte ihren gelegentlichen Unverstand. Es war das erklärte Ziel dieser Enzyklopädie, naturwissenschaftliche und praktische Kenntnisse sowie ein brauchbares Allgemeinwissen zu vermitteln, nicht um aus dem Römer einen Gelehrten, sondern um einen kultivierten Leser aus dem Römer zu machen. „Es ist darum falsch, Plinius an den Maßstäben systematischer Philosophie oder absoluter Wissenschaft oder gar selbständiger Forschung zu messen. Die scharfe Kritik des 19. Jahrhunderts betrifft daher mehr die Fehleinstellungen des 16. bis 18. Jahrhunderts, die Plinius zur naturwissenschaftlichen Autorität schlechthin erhob... In diese pragmantische Konzeption fügt sich die Interpretation aller Naturphänomene und -produkte hinsichtlich ihres Wertes für den Menschen, wodurch die Naturkunde unvermerkt in eine universale Lebenskunde umgedeutet wird bis zur Überlagerung der Leitidee durch aktuelle Exkurse... Im Rahmen des für einen gebildeten Römer in dieser Zeit Erreichbaren ist Plinius ein gewissenhafter, fleißiger, kritischer, um Aktualität und neueste Informationen bemühter Kompilator, der freilich nicht immer seinem Stoff gewachsen ist" (PAULY 1919, Stichwort Plinius).

Ohne Zweifel besteht auch in der Gegenwart ein großer Bedarf für populärwissenschaftliche Berichte. Jeder, der auf diesem Gebiet arbeitet, weiß, wie groß die Diskrepanz zwischen dem bekannten Wissen und dem für den einzelnen Bürger verfügbaren Wissen ist. Es kommt nicht so sehr darauf an, Hochschulwissen allen zu vermitteln, sondern es muß vielmehr die Möglichkeit geschaffen werden, daß sich jedermann dieses Wissen bei Bedarf in ansprechender Form aneignen kann. Insofern haben PLINIUS' Schaffen, sein Stil und sein Anliegen eine große Aktualität. Seine Werke stellen eine wesentliche Quelle für die Beurteilung des in der Antike vorhandenen Wissensstandes dar.

In der nun folgenden Persönlichkeit begegnen wir einem Praktiker, einem Mann der Technik, der schon zu Lebzeiten den Beinamen „der Mechaniker" erhielt. HERON lebte wahrscheinlich in der ersten Hälfte des 1. Jahrhunderts in Alexandria. An seinem Werk wird deutlich, daß technische Errungenschaften in dieser Zeit vordergründig dem Kriegswesen dienten, nicht aber zur Konstruktion von Arbeitsmaschinen führten. Auf Grund der Sklavenarbeit war dafür kein Bedarf. Im Jahre 146 v. u. Z. wurden von den Römern 50000 gefangene Karthager als Sklaven verkauft. Das Imperium besaß insgesamt über ein Million Sklaven! Sechs Jahre später übersteigt im Römischen Reich die Zahl der Sklaven die der freien Bürger. Im Jahre 128 v. u. Z. wurden auf dem Sklavenmarkt von Delos täglich 10000 (!) Sklaven verkauft.

HERON arbeitete als Ingenieur, Mathematiker und Vermessungstechniker. Trotz der ungeheuren Vielfalt seiner Erfindungen war er kein Phantast, sondern auf allen Gebieten ein exakter Wissenschaftler. Für das Verstehen antiker Technik und Wissenschaft sind seine Schriften von großem Wert. Für die Entwicklungsgeschichte der Wissenschaften und insbesondere der Technik im Altertum sind seine Bücher eine wichtige, in vielen Fragen die einzige Quelle. Man kann seine Werke als Lehrbücher auffassen. Sie enthalten zum Teil Illustrationen, Rechenbeispiele und Anleitungen für den Apparatebau. So findet man Hebezeuge- und Krankonstruktionen, Schraubenpressen und Quetschwerke, Zahnradgetriebe – die auch in die Entfernungsmesser eingebaut wurden – Geschütze, Luftdruckmaschinen und Automaten. Sein Buch „Metrika" enthält die HERONSCHE Dreiecksformel sowie praxisbezogene Methoden zur Berechnung der Quadrat- und Kubikwurzel. Die Konstruktionen, die in HERONS Werken enthalten sind, stellen teilweise mechanisches Spielzeug dar und dienten dem Vergnügen. Seine zwitschernden Vögel fanden noch zur Zeit des Barocks ihre Liebhaber. Weniges nur wurde in der Praxis genutzt, dazu gehörte ein Warmwasserofen. Die Nachfolger dieses Typs wurden von heutigen Archäologen in Pompeji ausgegraben.

In HERONS Arbeit über Spiegel und Hohlspiegel finden wir die Erklärung optischer Gesetze sowie Beschreibungen von Zerrspiegeln, die der Belustigung dienten. HERON arbeitete am Museion in Alexandria. „Ein auffallendes Merkmal seiner Arbeitsweise war die Verlagerung von der reinen Wissenschaft zur praktischen Anwendung", schreibt PETERS (1960, S.22). Er benutzte Dampf zur Erzeugung von Bewegung und schuf damit die Dampfmaschine. Er konstruierte eine mechanische Bühneneinrichtung für ein Theater, einen mechanischen Entfernungsmesser und eine Wasserorgel. In seinem Buch „Dioptra", welches gemeinsam mit dem Werk „Metrika" die bedeutendste Schrift über die Landvermessung in der Antike darstellt, wird auf älteres griechisches Wissen zurückgegriffen. Der Urtext befindet sich heute in der Pariser Nationalbibliothek und wurde 1903 von H. SCHÖNE ins Deutsche übersetzt. Gleich im ersten Abschnitt der Dioptra gibt HERON die Aufgabenstellung bekannt: „Da die Lehre von der Dioptra viele und unentbehrliche praktische Anwendungen bietet und viele über sie gehandelt haben, so halte ich für nötig, das von meinen Vorgängern Übergangene, das, wie gesagt, eine praktische Anwendung gestattet, der Darstellung zu würdigen, das schwierig Dargestellte in eine leicht faßliche Form zu bringen und das falsch Dargestellte zu verbessern" (zitiert nach PETERS, 1960, S.22). Das von HERON beschriebene Visierinstrument der Vermessungsleute besteht aus einem Stativ, welches je nach der Arbeitsaufgabe eine Visier- und Winkelmeßeinrichtung oder eine Kanalwaage besitzt. Die zur Vermessung erforderliche Visierlatte mit genauen Maßangaben wird von HERON ebenfalls beschrieben. Zur Winkelmessung wird eine waagerechte Kreisscheibe mit Diopterlineal, einem Faden- oder Lochdiopter, vorgeschlagen. Mit dem Gerät ließen sich folgende Arbeiten durchführen: Ermittlung eines Nivellements, Bestimmung der Entfernung und der Höhe eines unzugänglichen Punktes, Teilung von Flächen, Flächenvermessungen, Herstellung

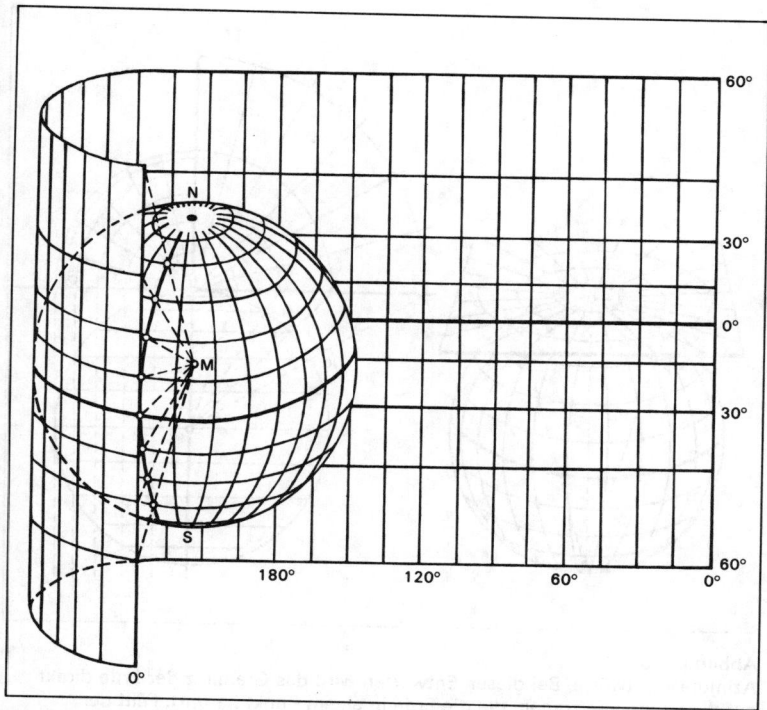

Abbildung 2
Zylinderentwurf. Ein aufgeschnittener Zylindermantel läßt sich ausrollen und damit in eine Ebene verwandeln. In diesem Beispiel berührt der Zylinder den Äquator, der dadurch längentreu abgebildet wird. Die Meridiane stehen senkrecht auf dem Äquator. Die Breitenkreise werden als zum Äquator parallel liegende gleichlange Geraden abgebildet, wodurch die Längenverzerrung in Richtung auf die Pole ständig zunimmt.

einer Grenze mit Hilfe der Zahlen eines Handrisses, Festlegung und Vermessung einer Tunnelachse, Bestimmung eines unterirdischen Kanalpunktes auf der Erdoberfläche. Heute haben wir für diese Aufgaben eine Vielzahl sensibler Meßgeräte, die aber letztlich alle auf den Prinzipien des durch HERON überlieferten älteren Wissens basieren.

HERONS Werk wurde niemals vergessen. So schenkte Kaiser KONSTANTIN V. KOPRONYMOS dem Frankenkönig PIPPIN DEM KURZEN eine pneumatische Orgel, die schon HERON beschrieben hatte. Auch die Zauber-Apparate von ALBERTUS MAGNUS um 1200–1280 stammen zweifellos aus der Werkstatt des großen alexandrinischen Gelehrten.

DA VINCI (1452 bis 1519) wird heute oft als das letzte große Universalgenie angesehen, er war aber eigentlich nur – und das möchte der Autor

41

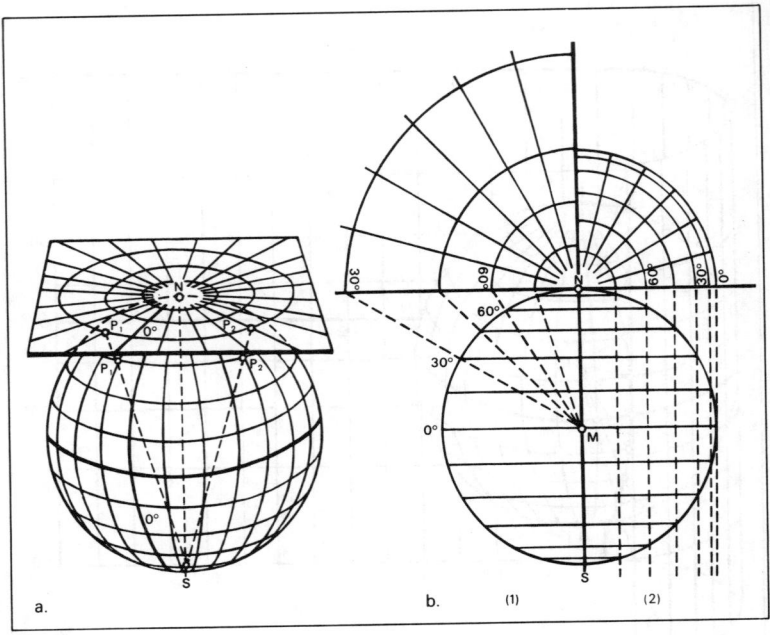

Abbildung 3
Azimutale Entwürfe. Bei diesen Entwürfen wird das Gradnetz der Erde direkt
auf die Ebene übertragen, die die Erde in einem Punkt berührt. Fällt der
Berührungspunkt mit einem Pol zusammen und befindet sich das Projektionszentrum auf der Erdachse, so werden die Meridiane als radial vom Pol
ausgehende Geraden abgebildet. Die um den Pol konzentrische Kreise bildenden
Breitenkreise können einen unterschiedlichen Abstand zum Pol besitzen, der
von der Lage des Projektionszentrums abhängt:
a) stereographischer Entwurf (Projektionszentrum im Gegenpol, winkeltreuer
   Entwurf),
b) gnomischer Entwurf (1) mit dem Projektionszentrum im Erdmittelpunkt und
   orthographischer Entwurf (2) mit dem Projektionszentrum im Unendlichen
   (Projektionsstrahlen parallel zur Erdachse).

hier betonen, ohne seine Leistungen zu schmälern – ein Überlieferer des
antiken Wissens. Damit trat er in die Fußstapfen von HERON, der das noch
ältere griechische Wissen erhalten und neu publiziert hatte. VITRUV und
HERON waren die wichtigsten Quellen für manche „Erfindungen" des
LEONARDO DA VINCI. Sein besonderes Verdienst ist in der zeichnerischen
Ausführung der in den antiken Büchern oft nur beschriebenen Erfindungen zu sehen. Seine zeichnerische Begabung führte dazu, daß die aus griechischer Zeit stammenden Geräte im Zeitalter der Renaissance wieder
bekannt wurden.

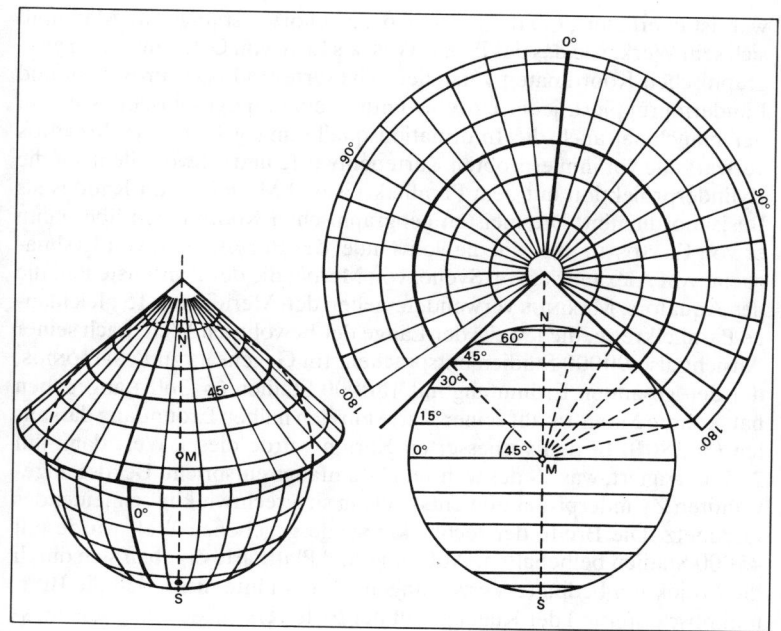

Abbildung 4
Kegelentwurf. Als Abbildungsfläche dient ein Kegelmantel, der sich aufschneiden und in die Ebene ausrollen läßt. Der auf die Erde aufgesetzte Kegelmantel berührt, wenn die Kegelachse mit der Erdachse zusammenfällt, einen Breitenkreis. Die Meridiane werden als radial vom Pol ausgehende Geraden und die Breitenkreise als konzentrische Kreise abgebildet.

HERON, der große Erfinder aus Alexandria, richtete seine Forschungen auf die Nutzbarmachung der natürlichen Kräfte und Stoffe für das menschliche Leben und wurde damit zum eigentlichen Begründer der modernen Technik.

Auf unserem Exkurs sind wir jetzt am Ende des ersten Jahrhunderts u. Z. angelangt und werden nun die letzten beiden uns interessierenden Gelehrten der Antike in diesem Kapitel kennenlernen. Der erste, MARINUS VON TYRUS, wird gern als Vorläufer des zweiten, CLAUDIUS PTOLEMÄUS, bezeichnet.

MARINUS lebte vom Ende des ersten bis ins erste Drittel des 2. Jahrhunderts u. Z. Zahlreiche bei ihm zu findende Ortsnamen mit der Nennung des Kaisers TRAJAN lassen die Schlußfolgerung zu, daß er nach dem Ende des Zweiten Dakerkrieges (106) zu arbeiten begann. MARINUS legte größten Wert auf die theoretische Darlegung der mathematischen Grundlagen der Kartographie. Eine Schrift, die als Kommentar für eine Karte gedacht war, ist überliefert. Ob die Karte je dazu gehörte, ist ungewiß. Man muß sich sein Werk, wie das des PTOLEMÄUS, als Liste von Orten mit ihren geographischen Koordinaten vorstellen. Die Orte sind nach Provinzen und Ländern gruppiert, jeder einzelne enthält eine topographische Notiz, in der manchmal auch die Informationsquelle angegeben wird. MARINUS verwarf alle vor ihm erprobten Kartenentwürfe und schwor allein auf die Zylinderprojektion mit dem Parallelkreis und Meridian von Rhodos als Basiskoordinaten. Die meisten geographischen Koordinaten übernahm er von ERATOSTHENES, wie die von Thule, des Borysthenes, von Lysimacheia, von Alexandria, von Syene, von Meroë, die der Zimtküste und die des Äquators. MARINUS verwendete neben den Meridianen 15 gleichlange Parallelkreise, die jeweils der Länge der bewohnten Welt, nach seiner Ansicht also 90000 Stadien entsprachen. Im Gegensatz zu POSEIDONIOS, der den gesamten Erdumfang mit 180000 Stadien (= 360°) angegeben hat, konnte MARINUS auf seiner Karte nur den halben Erdumfang darstellen (= 180°). In den verbesserten Karten wurde dieser Wert dann auf 225° korrigiert, was $^4/_5$ des wahren Erdumfangs entspricht. Bei der angewandten Zylinderprojektion entstand ein sich rechtwinklig schneidendes Gradnetz. Die Breite der rechteckig wiedergegebenen Welt wurde mit 45000 Stadien beibehalten. Auf MARINUS' Plattkarte ergaben sich durch die Projektion bedingte Verzerrungen. Er erkannte nicht, daß die Breitenkreise aufgrund der Kugelgestalt der Erde verschieden lang sein müssen.

Von PTOLEMÄUS erfahren wir, welche Quellen MARINUS verwendet hat. Diese nutzten andere Gelehrte der damaligen Zeit sicherlich ebenfalls: DIODOR, der vom Seeweg nach Indien berichtete, ALEXANDER DER GROSSE, der bis zum Golf von Tongking gelangte, SEPTIMIUS FLACCUS und IULIUS MATERNUS, die unter der Regierung des Kaisers CLAUDIUS das Innere von Libyen bis zum Tschadsee erforschten, DIOGENES, THEOPHILOS und DIOSKOROS, die die libysche Küste bis Sansibar erkundeten, und der Geograph PHILEMON, dessen Gewährsmänner Irland erreicht haben sollen. Dazu kamen die Berichte älterer Autoren wie TIMOSTHENES und HIPPARCHOS. MARINUS hat sicherlich die Lage der zahlreichen Orte an Hand der Weglängen, die zu Fuß oder mit dem Schiff zurückgelegt wurden, bestimmt, astronomische Messungen aber kaum durchgeführt.

Es wurde mehrfach versucht, aus der Ptolemäuskarte Rückschlüsse auf die Karte des MARINUS zu ziehen und diese neu zu zeichnen (vgl. Beilagenkarte). Man verwendete dabei MARINUS' Zylinderprojektion; einige Angaben, die aus jüngeren römischen Karten stammten, wurden eliminiert.

CLAUDIUS PTOLEMÄUS war ein berühmter Mathematiker, Astronom, Astrologe, Geograph, Erkenntnistheoretiker und Fachautor. Über sein Leben ist wenig bekannt. Er wurde zwischen den Jahren 75 und 90, wahrscheinlich im Jahre 85 u. Z. in Ptolemais Hermii geboren und lebte in Alexandria bis in die Zeit der Herrschaft des römischen Kaisers MARK

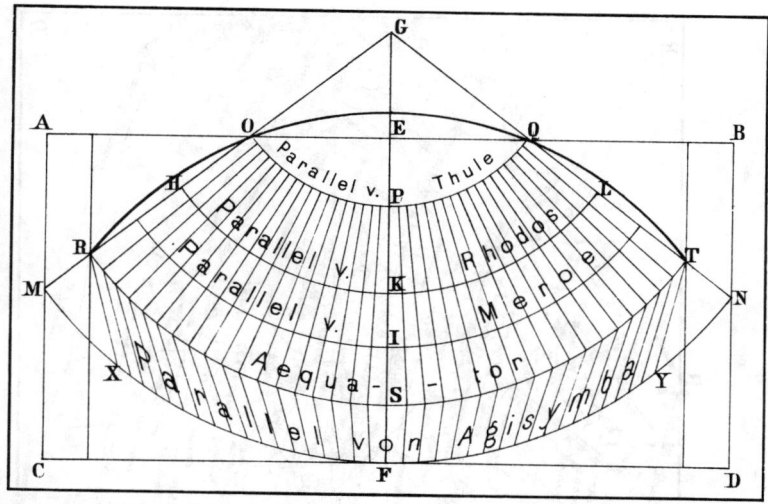

Abbildung 5
Die erste Kegelprojektion des PTOLEMÄUS (Rekonstruktionsversuch von CEBRIAN 1923) mit dem mittleren Meridian der Ökumene (GF)

AUREL (161–180). Als relativ gesichert gilt, daß unser PTOLEMÄUS nicht der makedonisch-griechisch-ägyptischen Königsdynastie der Ptolemäer angehörte, deren letzte Vertreterin KLEOPATRA VII. war, welche sich schon 30 v. u. Z. angesichts der Drohung des Kaisers OCTAVIANUS, sie bei seinem Triumphzug in Rom als Gefangene mitlaufen zu lassen, durch eine Schlange ins Jenseits befördern ließ.

Von PTOLEMÄUS sind zwei bedeutende Werke erhalten. Sein „Großes astronomisches System" – Megale Syntaxis – wurde im Jahre 827 ins Arabische übersetzt und unter dem Titel „Almagest" bekannt. Während der Kreuzzüge gelangte es nach Europa und wurde ins Lateinische übertragen. Es lehrt das ptolemäische Weltsystem, das bis zur Zeit des KOPERNIKUS maßgebend war und davon ausgeht, daß die Erde im Mittelpunkt des Universums steht. Wenn von der Vorstellung her auch falsch, so enthält diese Arbeit exakte Berechnungen der Bewegungen der Himmelskörper, die, und das war eine mathematische Spitzenleistung, eine Voraussage der Bahnen der Himmelskörper ermöglichten. Die dazu erforderlichen trigonometrischen Grundlagen, wie Formeln zur Berechnung von Dreiecken in der Ebene und auf Kugeloberflächen, Sehnentafeln usw., sind Bestandteil dieses Werkes. Die Beobachtungen, auf denen die wissenschaftlichen Untersuchungen beruhen, wurden zwischen März 127 und Februar 141 durchgeführt. PTOLEMÄUS vollendete sein Buch im Jahre 147.

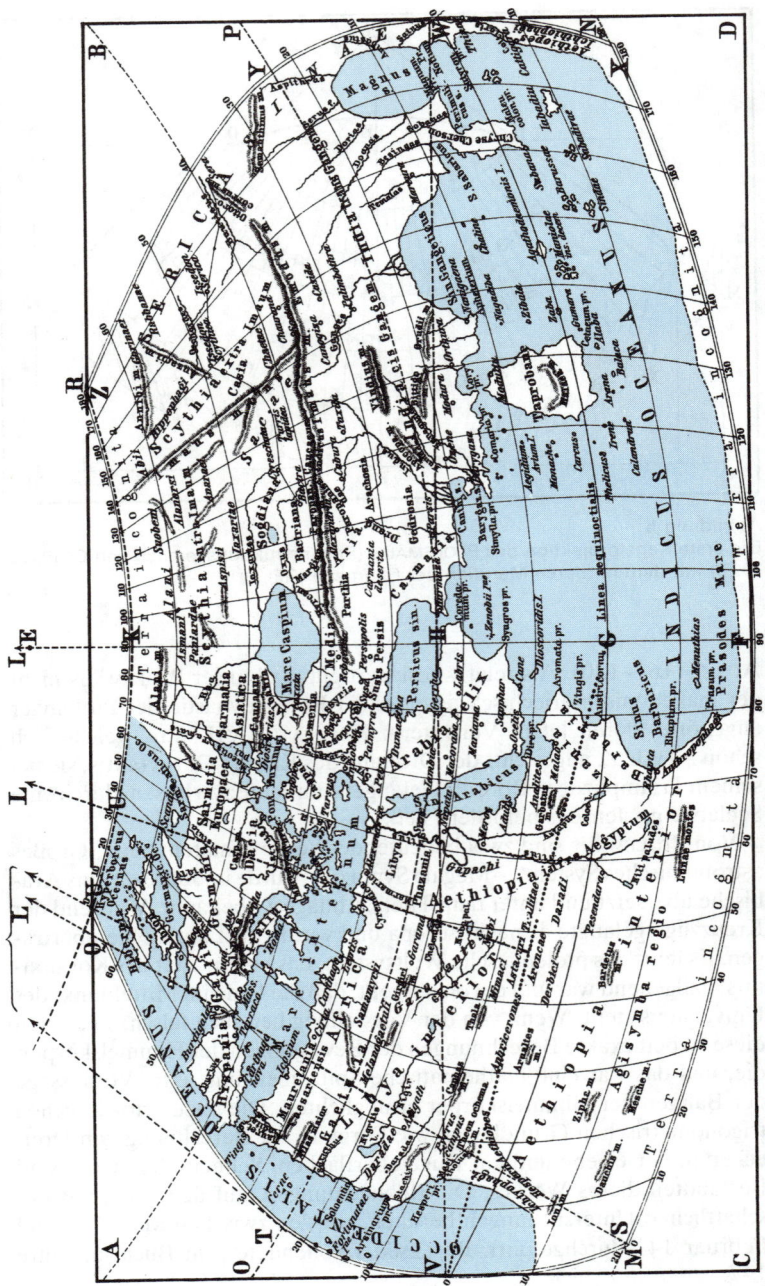

46

Sein zweites und besonders für die Geographen und Kartographen bedeutsames Werk ist die „Geographia", die umfangreichste erhalten gebliebene Länderkunde der Antike. PTOLEMÄUS nutzte dazu zahlreiche Informationsquellen, darunter die Berichte von den militärischen Unternehmungen römischer Feldherren, vor allem aber das geographische Wissen des MARINUS VON TYRUS. Die „Geographia" besteht aus acht Bänden, sechs davon enthalten nur Tabellen der geographischen Koordinaten von mehr als 8000 geographischen Objekten, darunter Siedlungen, Gebirgen, Flußmündungen u. a. Die Tabellen sind als Anweisung zum Zeichnen von Karten zu verstehen. Die Breitenangaben sind beachtlich genau, die Längen falsch. So ist beispielsweise das Mittelmeer 11,5°, also ca. um 1280 km zu lang gezeichnet. PTOLEMÄUS verwendete für seine Arbeit die Werte der Erdvermessung des POSEIDONIOS, der für den Erdumfang 33332 km ermittelt hatte. Ein genauerer Wert (37125 km) stammte von ERATOSTHENES (in Wirklichkeit sind es 40075 km). In den nach den Tabellenbüchern gezeichneten Karten ist kein Platz für den Stillen Ozean. So liegt die Ostgrenze Chinas auf diesen Karten etwa dort, wo sich in Wirklichkeit die kanadische Insel Neufundland befindet. Als zweiten auffälligen Fehler stellte PTOLEMÄUS den Indischen Ozean als Binnenmeer dar. „In der Karte des Ptolemaios... zeigt sich das Bemühen um die Darstellung des real Erkannten und damit eine wissenschaftliche Konzeption... seine Karte offenbart, daß manche Errungenschaften früherer Zeit, etwa die Tatsache, daß Afrika umsegelt werden konnte, verlorengegangen waren", schreibt KRÄMER (1981, S. 55). An diesem konkreten Fall läßt sich nachweisen, daß das geographische Wissen von dem wahren Aussehen unserer Welt keinesfalls beständig zunahm, sondern ehedem vorhandene Informationen auch abhanden kamen.

Bei der Einschätzung des Werkes von PTOLEMÄUS sollte nicht vergessen werden, daß zu diesem Zeitpunkt den Europäern nur 3 % der Oberfläche des Landes und 7 % der Meeresoberfläche bekannt waren. Alle sogenannten „PTOLEMÄUS-Karten", die es heute in der Literatur gibt, sind ausnahmslos Zeichnungen nach den überlieferten Quellen (vgl. Abb. 5, 6 u. 7). Interessant ist abschließend noch die Antwort auf die Frage, ob denn PTOLEMÄUS überhaupt eine oder mehrere Karten gezeichnet hat. Die Antwort kann nur „Ja" lauten. Die Kartographiehistoriker sind sich hier sogar einmal einig. Die PTOLEMÄUS-Karte war mit großer Wahrscheinlichkeit nach dem Projektionssystem der Plattkarte (ähnlich der Mercatorprojektion) gezeichnet. Möglicherweise ging er davon aus, daß bei einer Vervielfältigung seines Werkes und damit seiner Karten mit jedem Umkopieren neue Ungenauigkeiten hinzukommen würden. Die Liste der

Abbildung 6
Rekonstruktion der zweiten Kegelprojektion des PTOLEMÄUS durch
SIEGLIN (aus CEBRIAN 1923)

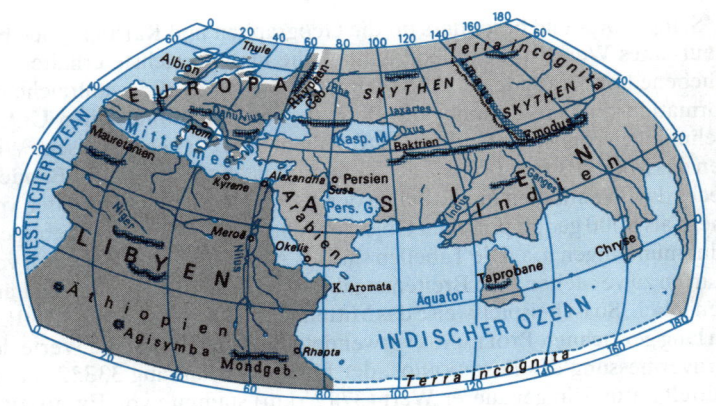

Abbildung 7
Das Erdbild der Antike (um 150 u. Z.) basierend auf den Ortsbestimmungen von PTOLEMÄUS

geographischen Koordinaten dagegen ließe sich viel leichter kontrollieren und ohne Fehler weitergeben. Er bevorzugte, wie wir heute sagen würden, das „digitale Verfahren" und war damit seiner Zeit weit voraus. Durch die umfassenden Tabellen wird der Karteninhalt so unzweideutig festgelegt, daß sich jedermann seine Karte nach diesen exakten Angaben selbst zeichnen kann.

Das nun folgende Kapitel soll dem Leser Auskunft über die geographischen und kartographischen Leistungen alter Völker geben.

Alte Kulturen und ihre kartographischen Leistungen

Die Beschäftigung mit der Geschichte der Kartographie trägt wesentlich zur Erforschung der menschlichen Entwicklung, Wissenschaft und Kultur bei. Das ist vor allem darauf zurückzuführen, daß Karten Wissensspeicher mit einer hohen Informationsdichte sind.

In diesem Kapital unseres Streifzuges zu den gelösten Rätseln alter Erdkarten wollen wir einige alte Kulturen nach ihre Leistungen auf geographisch-kartographischem Gebiet untersuchen. Leider sind in breiten Bevölkerungskreisen die altsprachlichen Kenntnisse zurückgegangen. Die an der Antike interessierten Leser müssen daher den Übersetzern vertrauen oder auf populärwissenschaftliche Publikationen, wie etwa die vorliegende zurückgreifen.

Alte kartographische Werke sind zu einem nicht unbedeutenden Teil an das Wort gebunden. Gerade geographische Bezeichnungen erlauben viele Aussagen. Die Philologen haben demzufolge auch auf diesem Gebiet mit ihren Untersuchungen, insbesondere zu Beginn unseres Jahrhunderts, viel aufklären können. Doch selbst der damalige Wissensstand zählt heute schon nicht mehr zum Allgemeinwissen. Wir wollen deshalb altes Wissen auffrischen und durch neues ergänzen.

Eine wesentliche Voraussetzung für die kartographische Erfassung der Erdoberfläche waren astronomische Kenntnisse und Daten. Griechen und Römer konnten damals schon auf eine jahrtausendealte Geschichte der Astronomie zurückblicken und vorliegende Informationen und Erkenntnisse nutzen. Folgendes Beispiel soll für viele stehen und das Gesagte unterstreichen.

Schon die Menschen der Jungsteinzeit beobachteten den Lauf von Sonne und Mond am Himmel. Im Tal der Boyne im irischen Distrikt Meath befindet sich die Anlage von Newgrange, die aus mehreren Ganggräbern besteht und etwa vor 5000 Jahren errichtet wurde. Bereits im Jahre 1699 entdeckt, kam es erst in unserem Jahrhundert zur Erforschung und Freilegung der Gräber. Am Ende des größten Ganges, der 18 m lang ist, wurden drei Grabnischen gefunden, die der Anlage einen kreuzförmigen Grundriß verleihen (PAUL 1989). Ein britischer Forscher nahm schon 1909 an, daß der Gang grob zum Horizontort der Wintersonnenwende ausgerichtet sei. Bei der Ausgrabung fand man nun in der Mitte des Grabeinganges einen Schlitz zwischen zwei Dachsteinen. Berechnungen unter Berücksichtigung der Ekliptikänderungen zeigten, daß die Sonne vor 5000 Jahren zur Wintersonnenwende genau den Boden der mittleren Grabnische beschienen hat. Inzwischen ergaben zwei Radiokohlenstoffdatierungen von aufgefundenem Holz, daß die Anlage ein Alter zwischen 4400 und 5100 Jahren besitzt. Im ersten Licht der aufgehenden Sonne am 21. Dezember jeden Jahres wurde nicht nur der Boden der Grabnische beschienen, sondern indirekt ein dreiblättriges Spiralmuster an der Wand der Nische erhellt. Nunmehr besteht kein Zweifel, daß die Anlage nach astronomischen Gesichtspunkten ausgerichtet war. Das Ganggrab ist das bisher älteste gefundene Objekt, für das ein solcher astronomischer Bezug nachgewiesen werden konnte.

Die in diesem Zusammenhang bekannteste und am besten erhaltene Anlage ist Stonehenge in Südengland. Erbaut um 2200 v. u. Z., diente sie der Himmelsbeobachtung zur Gewinnung von Kalenderdaten.

Das älteste heute bekannte kartographische Dokument unserer Zivilisation ist das Tontäfelchen von Numi. Es entstand um 3800 v. u. Z. und ist demnach heute 5800 (!) Jahre alt, also älter als die Pyramiden bei Kairo (GROSJEAN 1980). Auf ihm ist der Euphrat mit dem Wadi Harran dargestellt sowie das Gebirge Zagros und ein Teil des heutigen Libanon. Aus dem alten Babylon kennen wir noch einige Tontäfelchen, die Jahrhunderte v. u. Z. entstanden waren, auf denen einzelne Städte und ihre Umgebung eingetragen sind.

Neben der sumerischen Kultur und ihren Nachfolgern gilt das Reich der Ägypter als wesentliche Wurzel der europäischen Zivilisation. Das Siebente Weltwunder, die ägyptischen Pyramiden bei Kairo, entstanden vor etwa 4500 Jahren. Solche Bauwerke sind nicht realisierbar ohne die Arbeit von Vermessungsingenieuren, Mathematikern und Architekten. Oft wird gefragt, auf welchen Zeichenträgern die Experten in Ägypten gearbeitet haben. Zunächst wissen wir, daß mindestens seit dem 3. Jahrhundert v. u. Z. in dieser Gegend Papyrus verwendet wurde. Cyperus papyrus ist eine grasartige Staude, die besonders in den Sumpfgegenden am Nil und am Euphrat gedeiht. Sie erreicht eine Höhe von mehreren Metern. Zur Herstellung des eigentlichen Papyrus wird das Mark in dünne Streifen zerschnitten, nebeneinandergelegt und darüber eine um 90° verdrehte zweite solche Lage gebracht. Durch Klopfen und Pressen lassen sich beide Lagen miteinander verbinden. Unebenheiten werden dabei egalisiert. Die Pflanze enthält ausreichend Bindemittel, so daß keine Klebstoffe verwendet werden müssen. In der lateinischen Bezeichnung für diese Schreib- und Zeichengrundlage „charta papyracea" tauchte das erste Mal ein Wort auf, das heute für die verebnete Darstellung der Erdoberfläche steht: „Karte". „Chartographia" war später die Schönschrei-

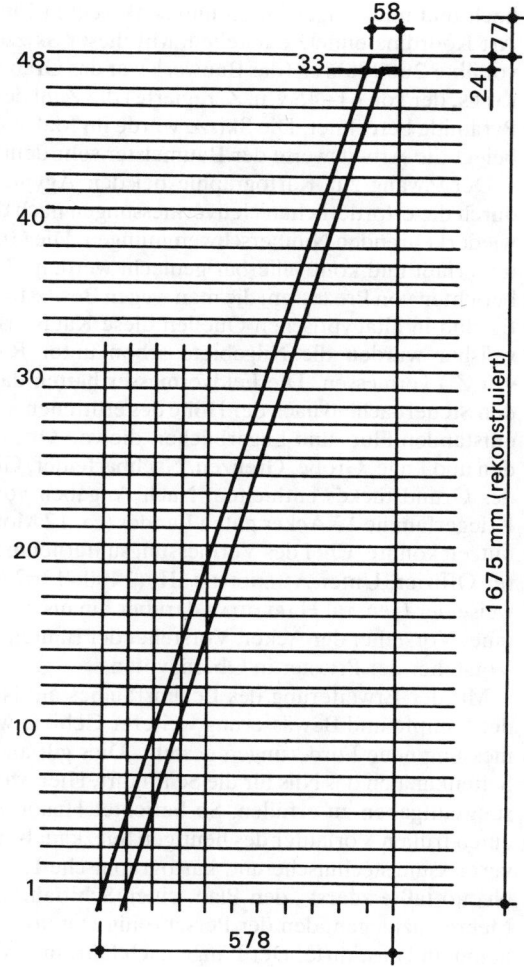

Abbildung 8
Die Konstruktions-
zeichnung für den Bau
einer Pyramide (nach
HINKEL 1980).
Diese Darstellung wurde
im Jahre 1979 durch
den Berliner Architekten
FRIEDRICH HINKEL in
Meroë entdeckt.

bekunst, und seit dem Jahre 1311 findet man dann das Wort „Charta" als Titel auf Landkarten.

Außer auf Papyrus wurde in Ägypten auf Stein gezeichnet. Spektakulär war die Entdeckung einer Konstruktionszeichnung für eine Pyramide in der Nähe der alten Hauptstadt von Meroë, Bagrawija, durch den Berliner Architekten und Altertumsforscher FRIEDRICH HINKEL! Er leitete 1979 die Wiederherstellung stark zerstörter Pyramiden. Durch das Entfernen eines Steinblockes fiel Licht auf eine sonst im Schatten liegende Wand. Da konnte man eine schwach eingeritzte Zeichnung sehen. Sie ist 1,70 m hoch und mit waagerechten und senkrechten Linien versehen, die eine Art Koordinatennetz darstellen. Mit dieser Skizze hatte ein Baumeister vor über 2000 Jahren (das Bauwerk war das Grab des Königs AMANIKHABALES, der von 61–45 v. u. Z. regierte) die Zahl der Steine für die nächste Pyramide berechnet. Die Skizze wurde im Maßstab 1:10 angefertigt und belegt die Arbeitsweise der Baumeister sehr deutlich (vgl. Abb. 8).

Der Zwang zur Kartographie bei den Ägyptern entstand vor allem durch die erforderlichen Neuvermessungen nach den jährlich regelmäßig wiederkehrenden Nilüberschwemmungen. Die Grenzen der Felder mußten erfaßt und kontrollierbar gemacht werden. Zahlreiche Papyrustexte berichten von Prozessen, die man wegen Besitzstreitigkeiten führte. Häufig sind in altägyptischen Quellen diese Katasterkarten erwähnt. Nachweisbar wurden die Nilgebiete schon unter RAMSES II. (1290–1224 v. u. Z.) vermessen. Die Feldvermesser hatten dabei auch die Aufgabe, den Steuernachlaß nach der Höhe des erlittenen Schadens festzulegen. So entstanden Flur- und Lagerbücher, die von Ortsschreibern geführt wurden und Lage, Größe, Grenzen, Nachbarfelder, Güte und Eigentümer jedes Grundstückes enthielten. Nach Angaben von HERODOT besaß jede Kriegerfamilie 12 Acker guten Landes (ca. 12 Morgen), das sie steuerfrei nutzen konnte. Chef des Vermessungsunternehmens war meist ein höherer Offizier. Unter AMENOPHIS III. (1400–1362 v. u. Z.) hatte beispielsweise der General HAREMHAB darüber hinaus noch folgende Funktionen inne: Vorsteher der Äcker, Vorsteher der Bauten für den Gott AMUN und Vorsteher der Priester in Oberägypten.

Mit der Erweiterung des Lebensraumes am Nil durch Austrocknung der Sümpfe und Bewässerung weiterer Gebiete wurden an die Landvermessung neue Forderungen gestellt. Dies gilt auch für die Nutzung von Seitenkanälen des Nils für die Schiffahrt. Hier waren zahlreiche Vermessungsaufgaben zu erfüllen. So berichtet HERODOT (1956, II, 158) über einen frühen Vorläufer des heutigen Suezkanals, und der Leser möge die vermessungstechnische und kartographische Leistung selbst beurteilen: NECHO faßte zuerst „den Plan, einen Schiffahrtskanal nach dem Roten Meere anzulegen, den der Perserkönig Dareios dann später wieder aufnahm und ausführte. Der Länge nach fährt man vier Tage darauf, und er wurde so breit angelegt, daß zwei Dreiruderer nebeneinander fahren können. Das Wasser wird aus dem Nil hineingeleitet, etwas oberhalb der Stadt Bubastis, nicht weit von der arabischen Stadt Patumos, und fließt nach dem Roten Meer. Anfangs führte der Kanal auf der arabischen Seite durch die ägyptische Ebene, über der sich das Gebirge erhebt, das sich nach Memphis hin erstreckt und in dem die Steinbrüche liegen. Am Fuße dieses Gebirges verläuft er eine Zeitlang in östlicher Richtung; dann aber wendet er sich durch einen Einschnitt des Gebirges nach Süden dem Arabischen Meerbusen zu. Der kürzeste Weg vom nördlichen bis an das südliche, sogenannte Rote Meer vom Gebirge Kasion an der Grenze von Ägypten und Arabien bis an den Arabischen Meerbusen ist gerade tau-

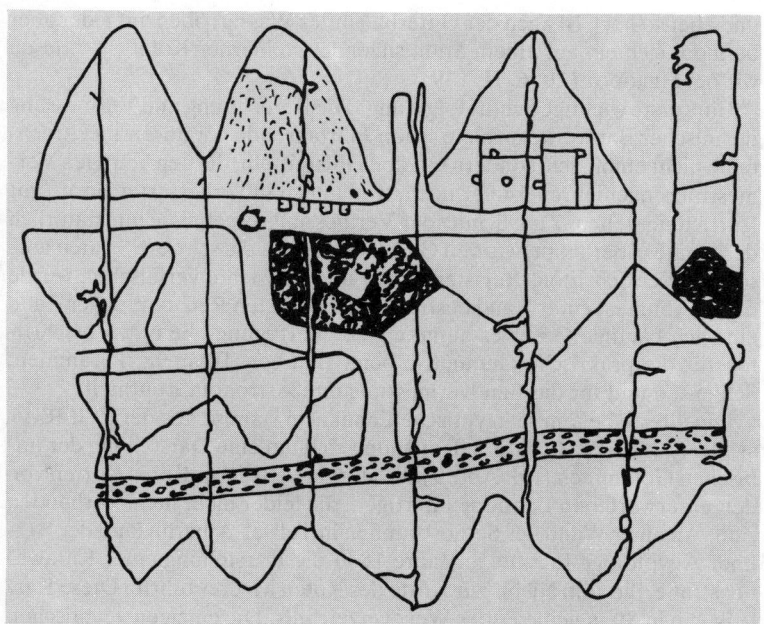

Abbildung 9
Diese Karte ist eine der ältesten der Welt. Sie stammt aus der Regierungszeit des Pharaos RAMSES II. (13. Jh. v. u. Z.) und zeigt nubische Goldminen, von denen Straßen zur See führen.

send Stadien lang. Das ist der kürzeste Weg. Der Kanal aber ist weit länger, weil er viele Krümmungen macht. Von den Ägyptern, die unter König Necho daran arbeiteten, sind hundertzwanzigtausend dabei ums Leben gekommen. Necho stellte auch die Arbeit daran ein, weil ihm ein Orakel in die Quere kam, das ihm zu verstehen gab, er arbeitete damit ja nur den Barbaren in die Hände."

Schon im Jahre 2000 v. u. Z. wurde ein 80 km langer Kanal zur Umgehung des ersten Nilkataraktes geschaffen. In der Nähe von Asyūt zweigt vom linken Nilufer ein 300 km langer Kanal ab. Er führt in die heutige Oase Faiyūm (Fajum), dem ehemaligen See Moeris, der einst ein großer Stausee war. „Sein Umfang beträgt dreitausendsechshundert Stadien, nämlich sechzig Schoinen, also gerade soviel wie die Länge der ägyptischen Küste. Der Länge nach erstreckt er sich in der Richtung von Süden nach Norden, und an der tiefsten Stelle ist er fünfzig Klafter tief. Daß er von Menschenhand gemacht und gegraben ist, kann man gleich sehen. [Dies ist nicht richtig, die Ägypter nutzten eine natürliche und schon vorhandene Senke, d. Verf.] Denn ungefähr mitten in dem See stehen zwei Pyramiden, beide sind oberhalb des Wasserspiegels fünfzig Klafter hoch, und ebenso hoch ist auch der Unterbau unter Wasser, oben auf jeder aber befindet sich ein auf einem Stuhl sitzender steinerner Koloß. . .", lesen wir bei HERODOT (1956, II, 149).

Eine erste wichtige Schlußfolgerung: Die Berechnung und Vermessung technischer Bauwerke erfolgte schon Jahrtausende vor unserer Zeitrechnung nicht empirisch, sondern mit den Hilfsmitteln, die den heutigen Vermessungsingenieuren immer noch, wenn auch in verbesserter Form, zur Verfügung stehen. Zum Schutz der Vermessungsergebnisse und natürlich des Staates überhaupt, wurden Gesetze erlassen, die schwere Strafen vorsahen. Wer Schriften, Register, Maße und Gewichte verfälschte, wurde durch Abhauen einer Hand bestraft. Dem obersten Rechtssprecher stand eine achtbändige Gesetzessammlung zur Verfügung, die u. a. Vorschriften für die praktische Geometrie beim Bau von Tempeln, Pyramiden, Schleusen und für die Landvermessung und Astronomie enthielt.

Die älteste bekannte ägyptische Landkarte stammt aus der Zeit RAMSES II. (1290–1224 v. u. Z.). Es handelt sich um eine Darstellung der nubischen Goldminen (vgl. Abb. 9). Weiterhin ließ dieser König Karten von den unterworfenen Ländern anfertigen, die leider nicht mehr vorhanden sind. An einer Wand des Sethosbrunnen in Tell-el-Amarna fand der Berliner Ägyptologe LEPSIUS im Jahre 1843 die Darstellung einer Karawanenstraße, die vom Nil bis zur Küste des Roten Meeres führte. Diese Karte ist ein in Stein gemeißeltes Wegeverzeichnis. Die einzigen ägyptischen Quellen für kartographische Abhandlungen sind der Papyrus Rhind und die Tempelinschriften von Edfu. Der Papyrus Rhind wurde um 1700 v. u. Z. im 33. Regierungsjahr des Königs RÄ als Kopie einer Schrift von unbekanntem Alter durch den Schreiber AAHMESU angefertigt. In diesem theoretischen Werk wird das Rechnen mit bekannten und unbekannten Zahlen, die Flächenberechnung von Kreisen, gleichschenkligen Dreiecken und Trapezen erläutert. Die gleichen Angaben wurden am Tempel des Gottes HORUS in Edfu gefunden. Sie stammen aus der Zeit zwischen 107 und 108 v. u. Z. Damit läßt sich für einen Zeitraum von über 1500 Jahren in der praktischen Geometrie kaum ein Fortschritt erkennen. Während in Griechenland so bedeutende Wissenschaftler wie PYTHAGORAS, PLATON, EUKLID und ERATOSTHENES die mathematischen Wissenschaften vorantrieben, entwickelte sich die praktische Geometrie in Ägypten nicht weiter. Sie begnügte sich mit dem Gebrauch der wissenschaftlich längst hinfälligen und antiquierten Näherungsformeln.

Bis heute konnten in Ägypten über vierzehn Längenmaßstäbe ausgegraben werden. Sie befinden sich heute in den Museen von Paris, Florenz, Turin und London und bestehen aus Meroëholz, Marmor oder Basalt. Die altägyptische oder kleine Profanelle (450 mm) wurde in sechs Palmen (Handbreiten) oder 24 Daktylen (Fingerbreiten) geteilt. Die große Elle betrug 525 mm, also sieben Palmen oder 28 Daktylen. Das Quadrat von 100 großen Ellen nannten die Ägypter Arura, und es war mit 2756 m² das gebräuchliche Landmaß.

Wenn von den Ägyptern auch keine großflächigen Landkarten erhalten geblieben sind, so ist doch davon auszugehen, daß sie solche angefertigt und genutzt haben. Dafür sprechen auch die auf topographischen Grundrissen gefundenen, im Laufe der Zeit immer symbolhafter werdenden Zeichen für bestimmte Objekte. Aus dem Abbild eines Hauses wurde ein offenes Viereck (der Grundriß des Hofes). Zeichnete man in das Viereck des Hauses ein Götterbild, so wurde daraus das Signum für einen Tempel. „Diese ‚hieratische Schrift' spricht von den großen Denkmälern zu uns wie ein System kartographischer Musterzeichen und verleiht ersteren – selbst wenn sie rein private Vorgänge aus dem Leben der Einzelnen verkünden – häufig die Eigenschaften und die Bedeutung kartographischer Plan- oder Ansichtsskizzen", schreibt CEBRIAN (1923, S. 26 f.). Auf all den Darstellungen findet man die Unterscheidung von Ober- und Unterägypten mittels bestimmter Signaturen. Ein weißer Helm, Binse und Lotos sind die Kennzeichen von Oberägypten. Eine rote Krone, Papyrus und Hanf kennzeichnen den anderen Landesteil. Auf Grund der bisherigen Funde kann man feststellen, daß die Ägypter Karten hauptsächlich als Mittel zur Festschreibung des Grundbesitzes nutzten. Große Kriegszüge brachten keine praktischen kartographischen Ergebnisse, wie wir das von anderen Völkern her kennen.

Der Autor möchte an dieser Stelle noch auf einen anderen Aspekt hinweisen. Die alten Karten sind ebensolche kulturellen Hinterlassenschaften wie archäologische Funde. Dennoch machen wir hier einen Unterschied. Eine über 3000 Jahre alte, hervorragend modellierte Goldmaske nehmen wir als gegeben hin, geographische Angaben auf alten Karten versetzen uns aber in Erstaunen. Vielleicht besucht der Leser ab und an mal ein Museum, in dem man die Überreste einer alten und längst vergangenen Kultur betrachten kann. Beispielsweise entdeckt man im Ägyptischen Museum zu Berlin nicht nur große Denkmale, Statuen, Inschriften und Sarkophage. Man findet dort vor allem eine Vielzahl der kleinen Dinge, die die Menschen im Alltag oft verwendet haben: Schminkgefäße der Damen, Kämme, Nadeln und Unmengen von verschwenderisch gestaltetem Schmuck aller Varianten. Mit Gold und Edelsteinen wurde nicht gespart. Alles Dinge, die Meisterwerke darstellen, die wir als gegeben hinnehmen und oft nicht darüber nachdenken.

Erinnern wir uns an die Entdeckung des Grabes des mit 18 Jahren verstorbenen Pharaos TUTENCHAMUN, welches der Engländer HOWARD CARTER im Jahre 1923 im Tal der Könige bei Theben fand. Das Grab stammt aus der 18. ägyptischen Dynastie, die darin gefundenen Schätze stellen alles bis dahin entdeckte Material in den Schatten. Soviel Gold, soviel Hausrat und Kunstgegenstände hatte man bis dahin noch nie gefunden und wird man sicher auch nie wieder finden. Wer einige der Funde per Bild oder vielleicht im Original sieht, wird sich kaum vorstellen können, wie all diese Dinge vor mehr als 3000 Jahren entstanden sind. Sie waren die Ausrüstung für den ins Totenreich ziehenden Pharao. Der Ausgräber,

CARTER, war fasziniert und bemerkte, wie die riesige Zeitspanne, die zwischen der Bestattung und dem Heute lag, zusammenschrumpfte: „Dreitausend, vielleicht viertausend Jahre sind vergangen, seitdem Menschen zuletzt diesen Boden betraten, auf dem wir stehen und doch bemerkten wir die Spuren frischen Lebens, das halb gefüllte Gefäß mit Mörtel für die Tür, die geschwärzte Lampe, den Fingerabdruck auf der frisch gemalten Fläche, das auf der Schwelle zum Abschiedsgruß niedergelegte Blumengebinde. Wir fühlten, es hätte erst gestern sein können. Selbst die Luft, die wir atmen, ist all die Jahrtausende hindurch unverändert. Wir teilen sie mit denen, die die Mumie zur letzten Ruhe niederlegten. Der Begriff der Zeit verschwindet durch solche kleinen intimen Einzelheiten und wir fühlen uns als Eindringlinge. Sicher hatte man nie zuvor in der ganzen Geschichte von Ausgrabungen so Wunderbares geschaut, wie uns jetzt das Licht der elektrischen Lampe enthüllte" (CARTER 1950, S. 24).

Niemand von den Ausgräbern kam auf den Gedanken, daß irgendein Gegenstand in diesem Grab nicht von den Ägyptern der 18. Dynastie stammen könnte! Da haben wir den Unterschied zu den alten Karten. Bei ihnen glauben die Menschen viel eher an die Mitwirkung außerirdischer Raumfahrer. Bei der Betrachtung der phantastischen Grabbeigaben kommt jedoch niemand auf einen solchen abwegigen Gedanken, wir trauen den vor 3000 Jahren lebenden Menschen ein hohes handwerkliches Können zu. Nach einer Vorkammer (vgl. Foto 1) entdeckten die Forscher schließlich die Grabkammer des Pharaos, ausgefüllt mit einem riesenhaften Schrein, der unter drei weiteren Schreinen, einem Sarkophag und drei Särgen schließlich die Mumie des Pharaos barg. Die vier Schreine, allesamt dick vergoldet, wurden abgetragen, es kam ein großer Quarzitsarkophag zum Vorschein: „Vor uns stand, den ganzen Schrein ausfüllend, der ungeheure gelbe Quarzitsarg, unberührt, als hätten fromme Hände ihn eben erst verschlossen", schreibt CARTER weiter (ebd. S. 51). „Welch unvergeßlicher herrlicher Anblick, noch gesteigert durch das Glitzern des Goldes auf den Schreinen! Über das Fußende des Sarkophags breitete schützend eine Göttin Arme und Flügel, als wollte sie den Eindringling abwehren.

In Ehrfurcht standen wir vor diesem beredten Zeichen einer Gedankenwelt, die vor mehr als dreißig Jahrhunderten lebendig war und noch heute von der treuen und zärtlichen Sorge der Lebenden um den Toten erzählt" (ebd., S. 51). Jetzt kamen drei goldene Särge, der äußeren Form des TUTENCHAMUN nachgearbeitet, ans Tageslicht. Die Gesichtszüge waren jeweils in Gold modelliert. Die Stirn des Königs trug die Königssymbole Schlange und Geier, das sind die Kennzeichen von Unter- und Oberägypten. „Was aber in all der kostbaren Schönheit den tiefsten Eindruck machte, das war der rührende kleine Blumenkranz, der Abschiedsgruß der jugendlichen Witwe an ihren geliebten Gatten. All die königliche Pracht, all die königliche Herrlichkeit, all der Glanz und Schimmer des Goldes verblaßt gegen die armen verdorrten Blumen, die noch in dem blassen Schein ihrer einstigen Farben schimmerten. Sie sprachen am eindringlichsten von der Flüchtigkeit der Jahrtausende" (ebd. S. 54). Wo und wie haben die Künstler und Handwerker gearbeitet? Im Wüstensand haben sie bestimmt nicht gesessen. Die Vielfalt der verwendeten Materialien erforderte ausgereifte Werkzeuge, die Beherrschung chemischer Prozesse und vor allem ausgebildete und fähige Künstler. Folgen wir noch einen Moment dem Ausgräber: „Und nun kam die erstaunlichste Überraschung! Dieser dritte, 1,85 m lange Sarg bestand aus massivem Gold. Das Geheimnis seines ungeheuren Gewichts war gelöst. In solchen Augenblicken versagt die Sprache, tausend Gefühle bestürmen den ehrfürchtigen Forscher und Menschen. Was vor uns lag, waren die irdischen Reste eines jugendlichen Pharaos, der bisher nicht mehr als ein schattenhafter Name gewesen war. Den Gegensatz zu dieser düsteren Masse bildete die strahlende, fast pomphafte Goldmaske des jungen Königs. Sie bedeckte den Kopf und die Schultern und war ebenso wie die Füße nicht mit Salbölen übergossen worden. Das Gesicht zeigt den Ausdruck ergreifender Trauer und Ruhe und erzählt erschütternd von allzu früh vollendeter Jugend" (ebd., S. 58). Schließlich gelangte CARTER durch Berge von Binden, die durch das oxidierte Salböl steinhart geworden waren, zu dem Kopf des Pharaos (vgl. auch Foto 2): „Schon bei der leisesten Berührung mit einem Zobelhaarpinsel zerfielen die spärlichen Überreste des morschen Gewebes und enthüllten ein friedvolles, sanftes Jünglingsantlitz. Edel und vornehm war es, gut geschnitten mit scharf gezeichneten Lippen. Ich darf wohl sagen, das Auffallendste an dem Gesicht war die außerordentliche Ähnlichkeit mit seinem Schwiegervater Echnaton, die schon auf seinen Statuen bemerkbar ist", schreibt CARTER (ebd. S. 68).

So wenig rätselhaft wie all diese hier und anderswo gefundenen Dinge sind, so wenig rätselhaft sind letztlich auch die alten Erdkarten. CARTER schreibt auch, wie das alles angefertigt wurde, woher das Wissen stammt, und schließt seinen Bericht folgendermaßen: „Gewiß beruhte das Wissen des ägyptischen Kunsthandwerkers auf der Erfahrung. Aber bis vor kurzem war das immer und überall so. Immer haben Übung und viele Mißerfolge die vorteilhaftesten Mittel und die nötige Vorsicht gelehrt, die auch die alten Ägypter zu dem glänzenden Erfolge führten, der selbst nach heutigen Begriffen oft an das Wunderbare grenzt" (CARTER u. MACE 1927, S. 220).

Die Forschungsergebnisse der Ägyptologen zeigen, daß die ägyptische Kultur einen bedeutenden Beitrag zur Erschließung der Erdoberfläche geleistet hat. Jährlich mußten nach den Nilüberschwemmungen die Felder immer wieder neu vermessen werden, nicht zuletzt der Abgaben wegen. Die Ägypter kannten ihre Welt und haben sie auch vermessen.

Im Vorderen Orient waren es die Hebräer, von denen uns kartographische Arbeiten überliefert sind. Eine grobe Übersicht der außerhalb des Landes der Hebräer wohnenden Völker findet man in der Bibel (1, Mose 10), in der sogenannten Völkertafel. Der vielleicht erste nachweisbare

Arbeitsauftrag an einen Landvermesser steht ebenfalls in der Bibel (JOSUA 18, 2–9): „Und es waren noch sieben Stämme von Israel, die ihr Erbteil nicht erhalten hatten. Und Josua sprach zu Israel: Wie lange seid ihr so lässig, daß ihr nicht hingeht, das Land einzunehmen, das euch der Herr, der Gott eurer Väter, gegeben hat? Nehmet euch aus jedem Stamm drei Männer, damit ich sie sende und sie sich aufmachen und durchs Land gehen und es aufschreiben nach ihren Erbteilen und wieder zu mir kommen." Vor der Vermessung kommt selbstverständlich die Erkundung. Nach welchen Gesichtspunkten diese zu geschehen hat, erfahren wir in der Textstelle 4, MOSE 13, 17–20: „Als sie nun Mose aussandte, das Land Kanaan zu erkunden, sprach er zu ihnen: Zieht da hinauf ins Südland und geht auf das Gebirge und seht euch das Land an, wie es ist, und das Volk, das darin wohnt, ob's stark oder schwach, wenig oder viel ist; und was es für ein Land ist, darin sie wohnen, ob's gut oder schlecht ist; und was es für Städte sind, in denen sie wohnen, ob sie in Zeltdörfern oder festen Städten wohnen; und wie der Boden ist, ob fett oder mager und ob Bäume da sind oder nicht. Seid mutig und bringt mir von den Früchten des Landes." Vierzig Tage dauerte die Erkundung und die mitgebrachten Informationen zeigen, daß die Kundschafter ihre Aufgabe ernst genommen hatten. „Wir sind in das Land gekommen, in das ihr uns sandtet; es fließt wirklich Milch und Honig darin, und dies sind seine Früchte. Aber stark ist das Volk, das darin wohnt, und die Städte sind befestigt und sehr groß; und wir sahen dort auch Enaks Söhne. Es wohnen die Amalekiter im Südland, die Hethiter und Jebusiter und Amoriter wohnen auf dem Gebirge, die Kanaaniter aber wohnen am Meer und am Jordan" (4, MOSE 13, 27–29). Daß die Kundschafter in vielen Fällen später ihr Wissen mißbrauchten, um den von ihnen besuchten Völkern zu schaden, ist eine andere Geschichte.

Ob jemals aus dieser Kundschaftertätigkeit Karten hervorgingen, ist ungewiß. Doch ist aus der Seefahrt bekannt, daß es zunächst Segelanweisungen gab und erst später Karten aufkamen. In adäquater Weise wird sich die Entwicklung auch auf dem Festland abgespielt haben.

In dem Bericht des jüdischen Schriftstellers FLAVIUS JOSEPHUS, der im 1. Jahrhundert lebte, heißt es (zitiert nach CEBRIAN 1923, S. 23): „Sie hatten einige Geometer bei sich, um die Ländereien zweckmäßig abzuschätzen und verteilen zu können. . ." Übrigens werden an vielen Stellen in der Bibel Geräte und Verfahren zur Landvermessung genannt, wie folgende Beispiele zeigen:

„Und er wird die Meßschnur darüber spannen. . . und das Bleilot werfen. . .", heißt es bei JESAJA 34, 11. Von der Bestimmung eines Flußlaufes durch viermaliges Ziehen der Meßleine erfahren wir bei HESEKIEL 47, 3–8: „Und der Mann ging heraus nach Osten und hatte eine Meßschnur in der Hand, und er maß tausend Ellen und ließ mich durch das Wasser gehen; da ging es mir bis an die Knöchel. Und er maß abermals tausend Ellen und ließ mich durch das Wasser gehen; da ging es mir bis an die Knie;

58

und er maß noch tausend Ellen und ließ mich durch das Wasser gehen; da ging es mir bis an die Lenden. Da maß er noch tausend Ellen; da war ein Strom, so tief, daß ich nicht mehr hindurchgehen konnte; denn das Wasser war so hoch, daß man schwimmen mußte und nicht hindurchgehen konnte... Und er sprach zu mir: Dies Wasser fließt hinaus in das östliche Gebiet und weiter hinab zum Jordantal und mündet ins Rote Meer."

Diese in der Bibel häufig zu findenden Maßabgaben, Zahlen und Meßverfahren weisen auf die Vermessungstätigkeit der Hebräer hin. Daraus kann geschlußfolgert werden, daß vor mindestens 2500 Jahren Vermessungen und das Zeichnen von Karten durchaus üblich waren. An dieser Stelle sei noch einmal darauf hingewiesen, daß wir in der Bibel zwar eine relativ frühe und komplexe Aufzeichnung des Lebens vieler Völker vor mehr als 2000 Jahren vor uns haben. Dies schließt aber nicht aus, daß Karten schon in noch früherer Zeit hergestellt und verwendet wurden.

Welche Rolle die Phönizier in der Geschichte der Kartographie spielen, kann nur vermutet werden. Sie nannten ihr Land Kanaan, Purpurland, und bewohnten schmale Küstenstreifen im heutigen Syrien und Libanon. Sie gründeten bedeutende Städte an den Ufern des Mittelmeeres. Sidon und Tyros gehören dazu. Bei ihren Handelsreisen über das Mittelmeer verbreiteten sie Maße und Gewichte bis zu den Griechen. Bestimmt kamen auch die Phönizier nicht ohne Vermessungstechnik und Kartenskizzen aus.

Sicherlich war das in den Ländern zwischen Euphrat und Tigris ähnlich. Schon um das Jahr 4000 v. u. Z. begannen dort die Sumerer mit dem Aufbau einer für unsere Begriffe sehr hohen Kultur. Seit der 2. Hälfte des 4. Jahrtausends v. u. Z. verwendeten sie eine Schrift, benutzten den Pflug und bewässerten in großem Umfang ihre Felder. Das erforderte ein großangelegtes System von Kanälen und Wasserspeichern. Von den Geschehnissen um 450 v. u. Z. berichtet HERODOT (1956, I, 193): „In Assyrien regnet es wenig. Den Wurzeln des Getreides aber fehlt es nicht an nötiger Nahrung, weil die Felder vom Fluß aus bewässert werden. Sie werden aber nicht wie in Ägypten vom Flusse selbst überschwemmt, sondern von Menschenhand und durch Pumpwerke bewässert. Denn Babylonien ist wie Ägypten überall von Kanälen durchschnitten, von denen der größte nach Norden gerichtet, schiffbar ist." Dieses Kanalsystem wurde ohne Zweifel vor dem Bau vermessen, und es gab schriftliche Unterlagen, die den genauen Verlauf darstellten. Wie genau man diese Vermessungen durchführen konnte, beweisen die im Palast von Ninive gefundenen „Königlichen Bauurkunden". Sie stammen aus der Regierungszeit des Königs SANHERIB (705−681 v. u. Z.), und darin wird der Umbau eines kleinen Palastes geschildert (zitiert nach CEBRIAN 1923, S. 35): „Weil der Tibilti bei seinem Anschwellen die alten Grabhügel der Stadt zerstörte, auch seit langer Zeit bis an den Palast gekommen war und bei hohem Wasserstand in das Fundament eine Bresche gerissen... hatte, habe ich jenen Palast gänzlich niedergerissen, den Lauf des Tibilti geändert, die Verwüstung planiert und den Wasserabfluß geregelt. Das Strombett füllte ich unten mit Rohr, darüber mit asphaltiertem Gestein, ließ ein Stück Land von 454 Ellen Länge und 289 Ellen Breite aus dem Wasser hervortreten und austrocknen. Zu dem Umfange des ursprünglichen Baugrundes fügte ich noch ein Stück Boden von 240 Ellen Länge und 288 Ellen Breite hinzu."

Bereits im 8. Jahrhundert v. u. Z. kam es zur Einflußnahme der Griechen auf die Nachbarkulturen (Perser und Babylonier). Wie APOLLONIOS VON RHODOS (um 295 – um 215 v. u. Z.) in seinem Werk „Argonautika" feststellte, waren die Kolchier (Volk am Ostufer des Schwarzen Meeres) der kartographischen Kunst ebenfalls mächtig. Sie sollen diese alte Kunst von ihren Vorvätern ererbt haben und stellten auf Tafeln, die zunächst aus Stein und später aus Holz waren, die Wege zu Lande und auf dem Wasser für ihre Wanderungen dar.

Die Geschichte berichtet immer wieder von bedeutenden Entdeckungsreisen. Wir wissen zwar, daß sie stattgefunden haben, aber nur wenig über die geographischen Informationen, die die Entdeckungsreisenden mit nach Hause brachten. Was berichteten beispielsweise die Seeleute, die an einer Umrundung Afrikas teilgenommen hatten? HERODOT, für den Libyen noch gleichbedeutend mit Afrika war, schrieb darüber folgendes: „Libyen ist offenbar, soweit es nicht mit Asien zusammenhängt, rings von der See umgeben. Meines Wissens der erste, dem es gelang, das festzustellen, war der ägyptische König Nekos [um 500 v. u. Z., d. Verf.], welcher, nachdem er die Arbeit an dem Kanal vom Nil nach dem Arabischen Meerbusen eingestellt, Phoiniker aussandte und ihnen befahl, es zu umfahren und durch die Säulen des Herakles wieder in das nördliche Meer und so nach Ägypten zurückzukommen. Die Phoiniker fuhren auch aus dem Roten Meere in das südliche Meer. Wenn es Herbst wurde, legten sie in Libyen /gemeint ist wieder Afrika, d. Verf./ an, besäten da, wohin sie auf ihrer Fahrt gekommen waren, das Land und warteten die Erntezeit ab. Hatten sie die Ernte eingebracht, gingen sie wieder an Bord und kamen so nach zwei Jahren im dritten Jahre durch die Säulen des Herakles nach Ägypten zurück. Auch sagten sie – mag es glauben, wer da will, ich glaube es nicht –, daß sie auf der Fahrt um Libyen die Sonne zur Rechten gehabt hätten. So wurde Libyen entdeckt" (HERODOT 1956, IV, 42). Fährt man mit einem Schiff in südlicher Richtung, dann geht die Sonne links (also im Osten) auf und rechts unter. Nimmt das Schiff nun entgegengesetzten Kurs, ohne daß das die Mannschaft bemerkt (z. B. bei der Umrundung des Kaps), dann geht die Sonne jetzt rechts auf und links unter. Die Angabe, die HERODOT hier bezweifelt, ist der Beweis für die erfolgte Umrundung Afrikas in der Mitte des ersten Jahrtausends vor unserer Zeitrechnung.

Zusammenfassend kann man bis hierher feststellen, daß es bei den genannten frühen Kulturvölkern keine Hinweise auf eine die ganze Welt darstellende Karte gibt. Bis etwa zum 5. Jahrhundert v. u. Z. ist eine die gesamte Erde umfassende Vermessung nahezu auszuschließen. Sicher

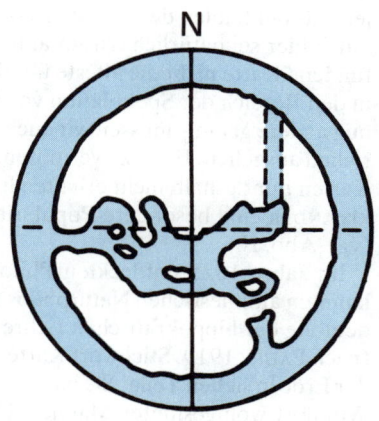

Abbildung 10
Das Erdbild der Griechen in der Frühzeit. So sah wahrscheinlich die Karte des ANAXIMANDER aus (nach SCHMITHÜSEN 1970).
Die gestrichelten Linien deuten die bis zu den Zeiten des PTOLEMÄUS vermutete Seeverbindung zwischen dem Kaspischen und dem Nordmeer an.

waren die geographischen Kenntnisse für das jeweilige Territorium einzelner Kulturen schon ziemlich umfangreich. Ein Bemühen, dieses Wissen für die gesamte Erdoberfläche zusammenzustellen, konnte durch die bisherigen Forschungsergebnisse nicht festgestellt werden. Welcher Kultur sollte das möglich gewesen sein? Allerdings – und dies ist die andere Seite der Geschichte – wäre damals ein Kartograph oder eine Institution bemüht gewesen, geographische Informationen aus allen Teilen der Welt zu sammeln, so wäre die daraus abzuleitende Weltkarte sicher nicht allzu realitätsfern gewesen.

Die ältesten kartenähnlichen Darstellungen auf europäischem Gebiet sind auf Stein geritzt. Im Museum von Carnac (Bretagne) befinden sich zwei Steine, die neben landwirtschaftlich tätigen Menschen eine Feldeinteilung zeigen. Die Steine stammen aus der Kultur der Megalithiker der ausgehenden Jungsteinzeit um 2000 v. u. Z.

In Europa hat man noch ein weiteres, sehr altes Kartendokument gefunden. Im Val Camonica (Bedolina bei Capo di Ponte nördlich des Comer Sees) befindet sich auf einer glazial geschliffenen Felsplatte (um 1100 v. u. Z.) die eingravierte Darstellung eines Dorfes mit seinen Feldern, Tieren und Menschen, die die Äcker bestellen. Die Felder sind im Grundriß, die Hütten im Aufriß dargestellt.

Bei der Untersuchung der Rätsel auf alten Karten kehren wir nun noch einmal zurück nach Griechenland.

Am Anfang früher griechischer Kartographie steht die Karte des ANAXIMANDER, die als älteste griechische Karte erhalten geblieben ist. Auf seiner Erdkarte ist das Mittelmeer bereits als geschlossenes Becken eingetragen, während der Rand der Erde rings von Meer umgeben ist. Dies geschah sicher in Anlehnung an die mythologischen Vorstellungen vom Okeanos sowie die geniale Verallgemeinerung der Berichte vom Meer

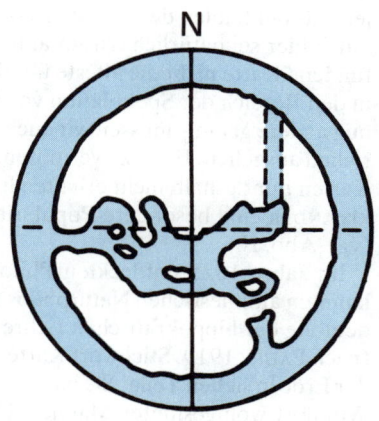

N

61

jenseits der Säulen des HERAKLES (Gibraltar) und dem Isthmus von Suez. Auch hier sei natürlich darauf aufmerksam gemacht, daß die älteste gefundene Karte nicht die älteste überhaupt sein muß. Doch wenn wir nicht in den Bereich der Spekulation vordringen wollen – das haben schon genug andere getan – müssen wir auch weiterhin von den gefundenen Materialien ausgehen. Es ist zu vermuten, daß sich die Kunde von noch älteren Karten nur deshalb nicht erhalten hat, weil erst die Zeichnung von ANAXIMANDER eine besondere Popularität erreichte und vervielfältigt wurde (vgl. Abb. 10).

Im Jahre 1825 entdeckten Philologen die Schrift eines leider unbekannten altmilesischen Naturphilosophen über den Ursprung und die Bedeutung der hippokratischen Lehre von der Siebenzahl. Im Kapitel zwei (nach PAULY 1919, Stichwort Karten) erfährt man von der Aufgliederung der Erde in sieben Teile: Sie hat als Kopf und Gesicht die Peloponnes, den Wohnort wohlgesinnter Männer. Der Isthmus entspricht dem Rückenmark (Hals), Ionien dem Zwerchfell (der Sitz aller Intelligenz und Kultur), der Hellespont dem Schenkel, der thrakische und kimmerische Bosporus den Füßen, Ägypten und das ägyptische Meer dem oberen Bauch und schließlich der Pontos Euxeinos und die Maiotis dem unteren Bauch und Mastdarm. Diesen bildlichen Vergleich kann man aber erst nach dem Betrachten einer entsprechenden zeichnerischen (kartographischen?) Darstellung ziehen. So hatte man auch einmal Europa mit einer Frau im Reifrock, an der ein Hund (Skandinavien) emporspringt, verglichen, was besonders einprägsam für Kinder im Geographieunterricht sein mag. Die erwähnte Darstellung der Siebenzahl ist älter als die Karte des ANAXIMANDER. Sie enthält weder Athen noch das Persische Reich, noch die westlichen Ansiedlungen der Griechen auf Sizilien und in Italien.

Zwischen 500 und 468 v. u. Z. entstand die Reichskarte des Königs DAREIOS I. Von einigen Wissenschaftlern wird das berühmte Grab des DAREIOS mit einem Relief und einer Inschrift als Beweis für die Existenz dieser Karte angesehen. Dieser Meinung schließt sich der Autor nicht an. Auf dem Relief sind zwar 28 Vertreter der von den Persern unterworfenen Landschaften in geographischer Folge dargestellt, die Aufzählung reicht aber für die Herstellung einer Karte nicht aus.

HERODOT dagegen erwähnt Straßenzüge mit Entfernungsangaben. Er beginnt seine Erzählung mit dem Besuch des Tyrannen von Milet, ARISTAGORAS, in Sparta zu der Zeit, als König KLEOMENES an der Macht war: „Als er bei ihm vorgelassen wurde, brachte er, wie die Lakedamonier sagen, eine eherne Tafel mit, auf der der Umkreis der ganzen Erde, auch alle Meere und Flüsse eingeschnitten waren" (HERODOT 1956, V, 49). ARISTAGORAS bat Sparta um militärische Hilfe und gab die territoriale Verteilung der Völker an: „Nun will ich dir zeigen, wo die verschiedenen Völker wohnen. Hier neben den Ioniern wohnen die Lyder in einem herrlichen Land, wo es viel Silber gibt. Dabei zeigt er ihm auf der ehernen Tafel, die er mitgebracht hatte, die Stelle, wo ihr Land eingezeichnet war" (HERO-

DOT 1956, V, 49). Aber er hatte kein Glück bei den Spartanern. Der vorgesehene dreimonatige Landmarsch war ihnen zu viel, und so schickte man ARISTAGORAS wieder nach Hause. Im Kapitel 52 wird dieser Weg von HERODOT nun exakt beschrieben. Der Text beweist, daß man sehr genaue Entfernungsangaben und viele andere Informationen besaß: „Der ganze Weg führt durch bewohnte und sichere Gegenden, und überall sind königliche Stationen und vortreffliche Herbergen [Wie würde das die heutigen Dienstreisenden erfreuen! d. Verf.]. Auf dem Wege durch Lydien und Phrygien, einer Strecke von vierundneunzig und einer halben Parasange, sind zwanzig Stationen... Jenseits des Flusses kommt man in Kappadokien auf einer Wegstrecke von hundertundvier Parasangen bis an die Grenze Kilikiens an achtundzwanzig Stationen. Hier an der Grenze muß man durch zwei Tore und an zwei Wachposten vorbei. Ist man hindurch, kommt man auf dem Wege durch Kilikien auf fünfzehneinhalb Parasangen an drei Stationen... Im ganzen aber sind auf dem Wege von Sardeis bis Susa hundertelf Stationen und ebensoviel Herbergen. Ist die angegebene Zahl der Parasangen auf der Heerstraße des Königs richtig und eine Parasange sind gleich dreißig Stadien, wie das in der Tat der Fall ist, so sind es von Sardeis bis zur Königsburg, der sogenannten Memnonstadt, dreizehntausendfünfhundert Stadien oder vierhundertundfünfzig Parasangen. Legt man also täglich hundertundfünfzig Stadien zurück, so braucht man gerade neunzig Tage." Die Angaben verlocken natürlich zum Umrechnen: Eine Parasange entspricht nach den Angaben von HERODOT 30 Stadien. Ein Stadion sind nach griechisch-römischer Rechnung 176,6 m und eine Parasange demnach rund 5,3 km. Die Angabe von 20 Stationen auf 94,5 Parasangen bedeutet, daß der Reisende alle 25 km eine Versorgungseinrichtung vorfand! Die Entfernung zwischen Sardes und der Memnonstadt (450 Parasangen) beträgt also 2385 km. Um diesen Weg in 90 Tagen zurückzulegen, mußte man täglich 26,5 km bewältigen. Die Angaben von HERODOT beziehen sich auf die Mitte des 1. Jahrtausends vor unserer Zeitrechnung und beweisen, über welch große Entfernungen schon exakte geographische Kenntnisse vorhanden und nutzbar waren.

Die Griechen vereinheitlichen die Kartenherstellung und förderten damit die Entwicklung der Kartographie. Während in der vorgriechischen Zeit die zeichnerische Darstellung fast immer nur lokalen Charakter besaß, brachten nunmehr Geographen, Naturforscher, Historiker und vor allem auch die Kriegsherrn den Kartographen reiches Material. Zunächst waren es die Ionier, die als Händler und Seefahrer unbekannte Küsten besuchten und damit neue geographische Erkenntnisse gewannen. Um den Beginn des 8. Jahrhunderts v. u. Z. entdeckten die Griechen Italien und besetzten Unteritalien und Sizilien. Unter dem ägyptischen König NECHO umfuhr eine Flotte im 6. Jahrhundert v. u. Z. den Kontinent Afrika, und der Perserkönig DAREIOS I. (521–485 v. u. Z.) sandte im Jahre 509 v. u. Z. den Karier SKYLAX aus, worüber HERODOT folgendes (1956, IV, 44) be-

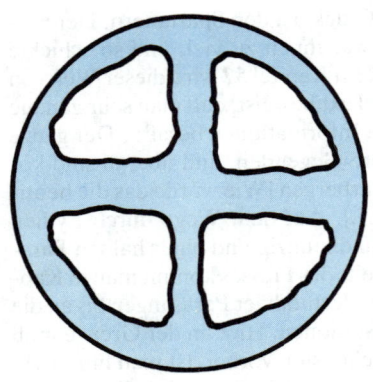

Abbildung 11
Das Weltbild des HOMER. Er nahm an,
die Erde sei eine Scheibe mit vier
Weltinseln (Ökumene), die vom Okeanos
umflossen werden (nach SCHMITHÜSEN
1970).

richtet: „Asien wurde größtenteils erst unter Dareios entdeckt. Der wollte gern wissen, wo der Indos, der einzige Fluß außer dem Nil, wo es Kro-
kodile gibt, ins Meer münde, und schickte dazu eine Anzahl Männer, denen er zutraute, daß sie die Wahrheit sagen würden, darunter auch Skylax
aus Karyanda, mit einer Flotte aus. Sie fuhren von der Stadt Kaspatyros
im Lande der Paktyer den Fluß hinunter bis an die See nach Osten, dann
aber die See nach Westen und kamen im dreißigsten Monat an derselben
Stelle an, von wo der ägyptische König. . . die Phoiniker zur Umschiffung
Libyens ausgesandt hatte. Nachdem sie da herumgefahren, unterwarf
Dareios die Inder und beherrschte seitdem auch jene See. So stellte sich
heraus, daß Asien, abgesehen vom fernen Osten, ebenso beschaffen ist,
wie Libyen." Weiter schreibt HERODOT (ebd., IV, 46): „Ob Europa im
Osten und im Norden von der See umflossen wird, weiß man nicht; soviel
aber weiß man, daß es sich der Länge nach vor den anderen beiden Erd-
teilen hinzieht."

Der Karthager HIMILKO entdeckte möglicherweise um das Jahr 525
v. u. Z. die Britischen Inseln, und der Karthager HANNO segelte um das
Jahr 465 v. u. Z. in mehreren Etappen an der Westküste Afrikas nach Süden.

Es waren zu allen Zeiten die Seefahrer, die wesentlich zur Erforschung
der Erdoberfläche und zur Bestimmung der Lage von Kontinenten und
Inseln beitrugen. Das finden wir schon in den beiden Werken von HOMER,
Odyssee und Ilias, bestätigt. Sie enthalten geographische Beschreibun-
gen, Navigationshinweise und sogar Hinweise auf eine Karte (vgl.
Abb. 11). „Auf der Wölbung des achilleischen Schildes sei das Bild der
Erde, des wogenden Meeres, des Himmels, am äußersten Rand aber der
Okeanos dargestellt gewesen" (zitiert nach CEBRIAN 1923, S. 50).

Nachdem man die Werke von HOMER jahrhundertelang für Märchen
und Sagen gehalten hatte, bewies der Bahnbrecher der Archäologie,
HEINRICH SCHLIEMANN, vor über einhundert Jahren das Gegenteil. Mit

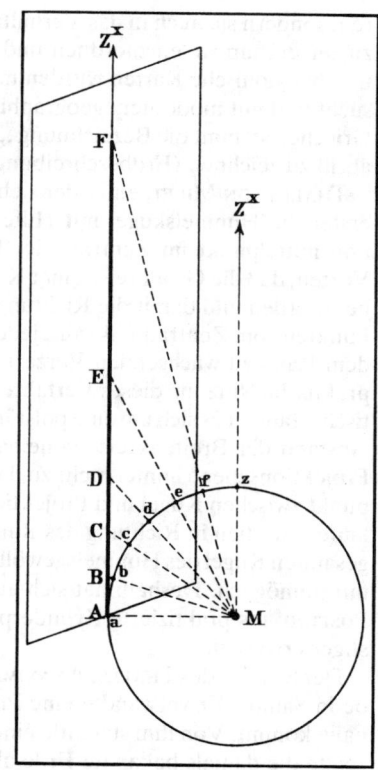

der Ilias in der Hand fand er das sagenhafte Troja. Mittlerweile haben einige Geographen und Historiker nachweisen können, daß sich HOMER an zahlreichen Stellen seiner Werke auf reale Begebenheiten und Naturbeobachtungen gestützt hat. Nach seinem Bild von der Welt war die Erde eine vom Okeanos umflossene Scheibe, die sich wegen der Last des üppigen Pflanzenbewuchses der heißen Länder ein wenig nach Süden geneigt hatte. Am ehernen Himmelsgewölbe unterschied er nur Osten und Westen, also die Tag- und Nachtseite.

Die Logographen wirkten noch vor HERODOT. Zu ihnen zählen HEKATAIOS VON MILET (um 500 v. u. Z.) mit seiner Beschreibung einer Wanderung durch Asien, Libyen, Ägypten, Europa und den Hellespont und sein Landsmann HELLANIKOS (um 405 v. u. Z. gestorben), der in leider verlorengegangenen Berichten über die Länderkunde der Barbaren und Griechen geschrieben hatte.

Immer schon haben die Geographen, die Naturforscher und die Philosophen versucht, nicht nur ihre eigenen Erkenntnisse einfach zu publizieren, sondern sie auch in das Verhältnis zu dem bereits bekannten Wissen zu setzen, um sie einzuordnen und zu werten. Ägyptische, phönizische und babylonische Karten wurden mit mathematischen Methoden untersucht und mit modernem geographischen Wissen angereichert. Von den Griechen stammt die Bezeichnung „Geographie" – die Kunst, einen Erdabriß zu zeichnen (Erdbeschreibung).

THALES VON MILET, einer der sieben Weisen Griechenlands, stellte als erster die Himmelskugel mit Hilfe der Zentralprojektion dar (Projektionsmittelpunkt im Zentrum der Kugel, vgl. Abb. 12). Sie bietet den Vorteil, daß die Großkreise einer Kugel durch gerade Linien wiedergegeben werden und damit die Richtung des kürzesten Weges zwischen zwei Punkten vom Zentralpunkt aus, jedoch nicht dessen Länge, trotz der nach dem Rand zu wachsenden Verzerrung ohne weiteres abzulesen ist. Die praktische Nutzung dieses Verfahrens für die Kartographie ist problematisch. Handelt es sich um eine polständige Projektionsebene, so nimmt der Abstand der Breitenkreise voneinander vom Zentrum zum Rande der Projektionsebene immer mehr zu. Die Längenkreise, die am Berührungspunkt zwischen Kugel und Projektionsebene in einem Punkt zusammenlaufen, streben in Richtung des Randes auseinander. Die Zeichnung der gesamten Kugel des Himmelsgewölbes (wie die der Erdoberfläche) ist damit unmöglich. Deshalb hat sich auch die erst Jahrhunderte später von POSEIDONIOS praktizierte Zylinderprojektion (vgl. auch Abb. 2) als günstiger erwiesen.

Der Schüler des THALES, ANAXIMANDER, wirkte als Lehrer der Erdkunde in Samos. Er verwandte eine Projektion, die der Zylinderprojektion nahe kommt. Von ihm stammte eine Landkarte auf einer Metalltafel. Sie zeigte die damals bekannte Erde als runde Scheibe mit Delphi im Zentrum. Der Durchmesser der hier dargestellten Erdoberfläche soll 30000 Stadien (das entspricht ca. 5300 km) betragen haben. Die Entfernungsangaben zum Zeichnen dieser Karte wurden den Berichten der Kauffahrteifahrer entnommen. So betrug die Ost-West-Richtung zwischen Griechenland und Sizilien 1590 km und von Sizilien bis zu den Säulen des HERAKLES 1060 km. Diese Karte sollte sicher den Seefahrern Griechenlands Nutzen bringen, darauf deutet die Konstruktion der Karte mit dem Zentrum „Delphi" hin. Der Ort war nicht nur der geistige Mittelpunkt, sondern auch das geographische Zentrum der griechischen Halbinsel.

Meister HERODOT hielt nicht viel von diesen Erddarstellungen (HERODOT 1956, II, 20): „Einige Griechen aber, die sich mit ihrer Gelehrsamkeit breitmachen wollten, äußerten über dieses Wasser [gemeint ist der Nil, d. Verf.] drei verschiedene Ansichten... Die eine geht dahin, die Jahreswinde wären die Ursache dafür, daß der Nil stiege, weil sie ihn daran hinderten, ins Meer abzufließen. Oft aber wehen diese Winde gar nicht, und der Nil steigt doch weiter oben... Die zweite ist noch einfältiger, ich möchte sagen wunderlicher als die erste, indem sie annimmt, es käme davon, daß der Nil aus dem Okeanos, der Okeanos aber rund um

Abbildung 13
Die Erde nach HERODOT (um 440 v. u. Z.)

die ganze Erde flösse..." (ebd., II, 21). „Die dritte... ist aber auch unhaltbar. Denn es ist ja nichts, wenn sie annimmt, daß der Nil, der aus Libyen mitten durch Äthiopien nach Ägypten kommt, von geschmolzenem Schnee so anschwölle. Von Schnee! Wie wäre das möglich, da er aus den heißesten Gegenden in weit kältere fließt! Wer überhaupt imstande ist, solche Dinge zu beurteilen, sieht doch gleich ein, daß es nicht vom Schnee kommen kann" (ebd., II, 22). Es wäre sicherlich interessant, sich auch einmal mit der Geschichte der wissenschaftlichen Polemik zu beschäftigen. Welcher Leser kennt keine aufschlußreichen Beispiele aus der Gegenwart? HERODOT setzt seine Polemik folgendermaßen fort: „Der gelehrte Herr aber, der an den Okeanos glaubt, versteigt sich in die dunkle Fabelwelt und beweist damit nichts. Ich wenigstens kenne keinen Fluß Okeanos und glaube, daß ihn Homer oder irgendein anderer alter Dichter erfunden und in die Dichtung eingeführt hat" (ebd., II, 23). Das Sprichwort „Was der Bauer nicht kennt. . ." läßt sich hier durchaus anwenden. Vornehmer ausgedrückt: Mit dem Stand der Wissenschaft (die Kontinente umschließenden Ozeane sind Realität) war der alte Herr wohl nicht ganz vertraut und konnte es wohl zu seiner Zeit auch nicht sein. Nach der nächsten Kritik folgt dann seine Auffassung (ebd., IV, 36): „Wenn es aber Menschen im äußersten Norden gibt, so gibt es doch wohl auch Menschen im äußersten Süden. Ich muß lachen, wenn ich sehe, was für verkehrte Vorstellungen sich manche von der Gestalt der Erde machen. Da soll der Okeanos rund um die Erde fließen, als ob die Erde kreisrund und Europa so groß wie Asien wäre. Deshalb werde ich kurz angeben, wie groß beide sind, und wie man sich ein richtiges Bild von ihnen zu machen hat." HERODOT faßt sich natürlich nicht kurz und beschreibt sehr ausführlich die in den Ländern wohnenden Völker entsprechend ihrer geographischen Lage (ebd., IV, 45): „Ob Europa im Osten und im Norden von der See umflossen wird, weiß ich nicht; . . . ich kann auch nicht dahinter kommen, weshalb die drei Erdteile, die doch ein Land sind, drei verschiedene Namen haben und nach Weibern genannt sind." Daraus läßt sich schlußfolgern, daß selbst HERODOT nicht alles wußte. Man muß ihm jedoch zugute halten, daß er sein Nichtwissen zugab.

HERODOT konnte sich mit der Hypothese von der Kugelgestalt der Erde nicht so ganz abfinden. Nach seiner Auffassung war die Erde eine ovale Scheibe, die nördliche Hälfte wurde durch Europa und Nordasien eingenommen und die Südhälfte durch Libyen und Mittelasien (vgl. Abb. 13). „Herodot spiegelt mit seiner Kritik die Auffassung der maßgebenden Gesellschaft in Athen wider", schreibt CEBRIAN (1923, S. 55), „wo seit dem Peloponnesischen Kriege, unter dem Einfluß einer rückläufigen Bewegung, die Abneigung gegen die von ionischen Philosophen gepflegten exakten Wissenschaften zunahm. Der klaffende Widerspruch der verschiedenen Schulen untereinander verstärkte das entstandene Mißtrauen." Dieses richtete sich besonders gegen die Geometrie, Astronomie, Meteorologie und die Darstellung der Erdoberfläche. Alle Bemühungen, eine möglichst genaue Wiedergabe der Oberfläche unseres Planeten zu erhalten, galten als unwissenschaftlich, ja sogar als sensationelle Reklamemacherei. Ähnlich dachte man über Erdvermessungen. Nach dem Zeugnis des XENOPHON (um 430–354 v. u. Z.) soll SOKRATES geometrische und astronomische Studien nur insoweit für nützlich erklärt haben, sofern sie zur Bestimmung des Kalenders und für die Feldmeßkunst verwendet werden können. ISOKRATES (436–338 v. u. Z.) war zwar von der Bedeutung der Feldmeßkunst überzeugt, meinte aber, man solle das Studium so schwieriger Lehren nur den jüngeren Leuten gestatten, für den gereiften Mann aber seien sie unpassend!

ARISTOTELES gibt einen Hinweis, wie die Erdoberfläche nach der Verebnung darzustellen ist: „Lächerlich ist es, die Erdkarte kreisrund zu zeichnen, denn die bewohnbaren Zonen bilden Gürtel, die nördlich und südlich durch Parallelen von den vor Kälte und Hitze unbewohnbaren

Zonen abgeschlossen sind, die also nach der Verebnung als schmale Kreisausschnitte zwischen zwei Parallelen erscheinen müssen" (zitiert nach CEBRIAN 1923, S. 56).

Zu Lebzeiten des ARISTOTELES wäre schon eine erste Darstellung der wirklichen Gestalt unserer Erde möglich gewesen. Der Umfang des Äquators war berechnet, die Oberfläche der bewohnten Erde schätzbar. Eine bemerkenswerte Karte stammt von DIKAIARCHOS, die um das Jahr 310 v. u. Z. entstand. Grundlage dafür waren die Berichte der Landvermesser, die dem Heer ALEXANDERS DES GROSSEN nach Sien folgten. Sein Werk besaß einen ganz anderen und neuen Ansatzpunkt. Er teilte die bewohnte Erde, die er in der Nord-Süd-Ausdehnung um 1,5mal größer hielt als in der West-Ost-Ausdehnung, mit dem durch Rhodos verlaufenden „Äquator" in zwei Hälften. Danach versuchte er, die Orte entsprechend ihren Entfernungen voneinander einzutragen, DIKAIARCHOS war somit, soweit wir wissen, der erste, der Parallelkreise konstruierte, ohne die unsere modernen Karten nicht vorstellbar wären. Die Bezeichnungen „Länge" und „Breite" wurden schon von DEMOKRIT (450–360 v. u. Z.) eingeführt. DIKAIARCHOS legte später für seinen Äquator folgende Linie fest: Säulen des HERAKLES, Sardinien, Sizilien, die Peloponnes, Karien, Lykien, Pamphylien, Kilikien und weiter über den Taurus bis zum Imaos, also insgesamt über eine Entfernung von 10000 Stadien. Er hatte damit eine wichtige Grundlage für eine Projektion geschaffen. DIKAIARCHOS schrieb eine drei Bände umfassende historisch-geographische Geschichte Griechenlands, in der er sein „von den Athenern bewundertes Weltblatt" erläuterte. Diese Karte war ein bedeutender Fortschritt gegenüber den bisherigen Länderdarstellungen. Der griechische Philosoph THEOPHRASTOS (372–287 v. u. Z.) ordnete in seinem Testament die Aufhängung dieser Karte in einer Säulenhalle an.

Mit der Gründung von Alexandria durch ALEXANDER DEN GROSSEN im Jahre 332 v. u. Z. entstand hier am Nildelta eine Stadt der Wissenschaft. Sie entwickelte sich schnell zur zweitgrößten Stadt des Altertums. Alexandria wurde zielgerichtet zu einer starken Festung und zu einem Flottenstützpunkt ausgebaut. Planmäßig angelegte rechtwinklige Straßenzüge wurden durch die Feldvermesser auf einer Fläche von 10×30 Stadien projektiert. Für den Bau des Hafens mußte ein sieben Stadien langer Damm zwischen der Halbinsel Lochias und der Insel Pharos geschaffen werden. Nach dem Tode ALEXANDERS nahm die militärische Bedeutung der Stadt ab, sie wurde mehr und mehr eine Wissenschaftsmetropole, die ein wichtiges Bindeglied zwischen Orient und Okzident darstellte. Staatliche Mittel boten den Gelehrten von Alexandria die Möglichkeit, frei von finanziellen Sorgen ihrer Wissenschaft nachzugehen. Unter ihnen waren ARISTOPHANES, MNASEAS, EUKLID, APOLLONIOS VON PERGE, ARISTARCHOS VON SAMOS sowie HIPPARCHOS VON NIKÄA.

Eine im Altertum viel bewunderte Weltendarstellung stammt von ARCHIMEDES. In der Mitte einer gläsernen Sphäre befand sich eine kleine

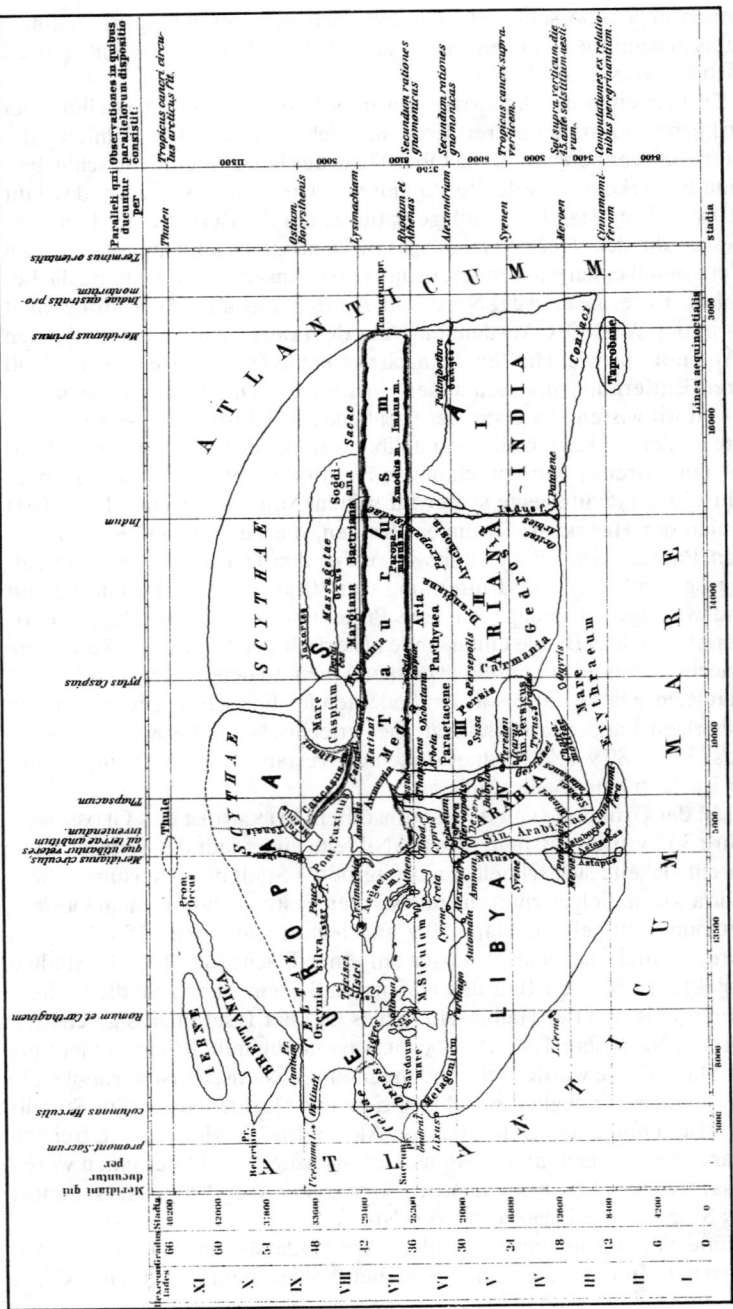

Abbildung 14   Rekonstruktion der Erdkarte des ERATOSTHENES durch SIEGLIN (aus CEBRIAN 1923)

Erdkugel, auf deren Umfang die wichtigsten Sternbilder und die Bahnen der Planeten dargestellt waren. Sonne, Mond und die damals bekannten fünf Planeten umkreisen die Erde in verschiedenen Abständen mit unterschiedlicher Geschwindigkeit, so daß eine Nachahmung der wirklichen Bewegungsabläufe möglich war. Das Wunderwerk konnte in der Akropolis von Syrakus betrachtet werden – eine Touristenattraktion vor 2200 Jahren!

Eine weitere kartographische Darstellung der Erdoberfläche stammt von dem schon mehrfach erwähnten ERATOSTHENES VON KYRENE (vgl. Abb. 14). Er veröffentlichte in drei Büchern ein erstes wissenschaftlich begründetes geographisch-kartographisches System. Dazu gehörte eine auf einer Holztafel gezeichnete Weltkarte. Sie besaß die Form eines makedonischen Reitermantels. Die Öffnung dieses „Mantels" war der Okeanos. Die besondere Bedeutung dieser Karte lag darin, daß bei der Konstruktion erstmalig rechtwinklige Koordinaten verwendet wurden. Das Original ist verlorengegangen, doch fehlt es nicht an Rekonstruktionsversuchen. Einen solchen zeigt die Abbildung 14. Wir folgen der Beschreibung CEBRIANS (1923, S. 59): „Vom Äquator, mit welchem im Süden das bewohnte Land beginnt, [waren] nach Nord sieben (acht) Parallelkreise gezogen: durch Meroe, Syene, Alexandrien, Rhodos, den Hellespont, Borysthenes und Thule; der vierte (fünfte) dieser Breitengrade hieß Diaphragma, weil er Europa von Asien und Afrika schied. Die äußerste Nordgrenze des bewohnten Landes war mit Thule an einem, wie man glaubte, astronomisch fest bestimmten Punkte erreicht. Anders war es im Süden. Der südlichste astronomisch bestimmte Ort, Meroe, konnte nicht gleichzeitig als Südgrenze der Ökumene und somit auch nicht als ursprünglich erster der sieben Parallelkreise gelten; denn Handelsfahrer waren auf ihren Seereisen noch beträchtlich südlicher vorgedrungen. In Ermangelung brauchbarer Beobachtungsergebnisse entschloß sich Eratosthenes, seine zwischen Meroe und Thule bestimmte Breitenlinie nach Süden zu verlängern. Durch Angaben von Reisenden, welche zu Lande die obere Nilgegend, zur See die Zimtküste erreicht hatten, fühlte er sich veranlaßt, im Abstand von 5525 Stadien südlich Meroes noch einen Hilfskreis durch die Cinnamomgegend zu legen. Faßt man die einzelnen Teilentfernungen zusammen, so ergeben sich für die Gesamtbreite der Ökumene, Cinnamon – Thule, etwa 40000 Stadien, d. h. neun Sechzigstel von den fünfzehn Teilen eines Erdquadranten. Als Meridiane benutzte Eratosthenes folgende: durch die Säulen des Herakles, Karthago, Alexandrien, den Euphrat bei Thapsakos, durch die kaspischen Pforten, die Mündungen des Indus und des Ganges. Eine achtteilige Windrose, deren Mittelpunkt wahrscheinlich Rhodos war, vervollständigte das über der Erdfläche von 40000×78000 Stadien gespannte Liniennetz". Diese Konstruktion läßt deutliche Ansätze einer Zylinderprojektion erkennen. Allerdings entstand das Gradnetz nicht ausschließlich aus mathematischen Berechnungen, sondern vor allem durch die erwähnten, aus der

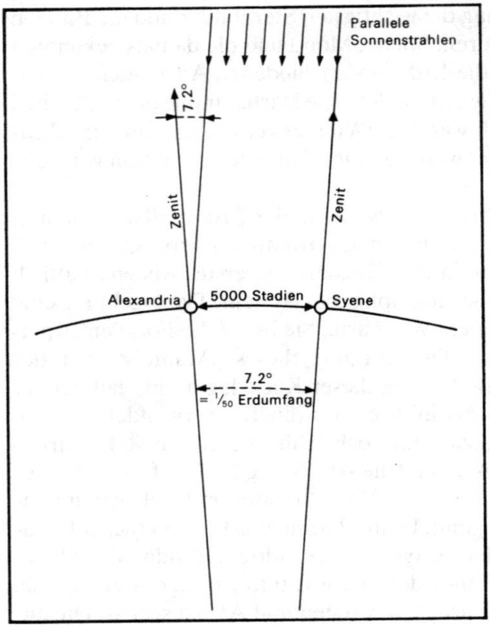

Abbildung 15
Messung des Erdumfanges
durch ERATOSTHENES

Natur abgeleiteten Breitengrade. Die Fehler auf der Karte des ERATOS-THENES sind vor allem auf das Scheitern der in der Theorie als richtig erkannten Prinzipien der Konstruktion bei deren Umsetzung in die Praxis zurückzuführen. Erkenntnisse der berühmten Reise des PYTHEAS müssen ebenfalls in die Karte des ERATOSTHENES eingeflossen sein. Die Breite von Massilia war um etwa 560 Stadien zu gering angegeben, das ist aber genau der Wert von PYTHEAS! Die Karte enthielt Angaben über die Gebiete, die PYTHEAS bereist hatte: Britannien, Thule und Germanien. Die Heimat unserer fernen Vorfahren war damit erstmals auf einer Karte verzeichnet.

Für die weitere Entwicklung der Kartographie der Erdoberfläche war die Meridianmessung des ERATOSTHENES besonders bedeutsam (vgl. Abb. 15). Für die Bestimmung des Erdumfanges hat ERATOSTHENES den Unterschied der Kulminationshöhe der Sonne am 21. Juni in den Orten Alexandria und Syene beobachtet. Wie überliefert, sah er in Syene, welches unter dem Wendekreis liegt, wie sich die Sonne um 12 Uhr mittags in einem tiefen Brunnenschacht spiegelte. Damit konnte der Zenitstand erkannt werden. Die Distanz zwischen den beiden Orten hatte ERATOSTHE-NES wahrscheinlich aus ägyptischen Katasterplänen entnommen, die in seiner Bibliothek, der er viele Jahre als Direktor vorstand, vorhanden gewesen sein müßten. Er rechnete mit einer Entfernung von 5000 Stadien.

Den Sonnenstand in Alexandria bestimmte er am längsten Tag mit 82° 90' über dem Horizont. Die Abweichung vom Zenit betrug demnach 7° 10'. Leider wissen wir nicht genau, welches „Stadion" ERATOSTHENES seinen weiteren Berechnungen zugrundegelegt hat. Die möglichen Varianten sind (GROSJEAN 1980, S. 12): Attisches Stadion von 177,6 m (Erdumfang = 44400 km), Stadion von 185 m (Erdumfang = 46200 km), Stadion von 148,8 m (Erdumfang = 37200 km). Der Erdumfang beträgt nach heutigen Angaben 40009 km.

ERATOSTHENES hat bei seinen Untersuchungen nicht berücksichtigt, daß Syene nicht genau auf dem Wendekreis liegt, sondern bei 24°5' 30" nördlicher Breite und sich auch nicht auf dem selben Meridian wie Alexandria befindet. Es liegt etwa 3° östlicher. Dennoch sind das Untersuchungsverfahren und das erstaunlich genaue Ergebnis für diese Zeit als genial zu bezeichnen. Besonders interessant ist ein Vergleich zwischen den geographischen Längenangaben auf der Karte des ERATOSTHENES und denen, die der Realität entsprechen. Um einen Vergleich zu ermöglichen, wurden die heutigen geographischen Längenangaben umgerechnet und auf einen Nullmeridian bezogen, der durch Alexandria verläuft (CEBRIAN 1923, S. 61):

Ort	ERATOSTHENES	Wirklichkeit
Alexandria	0° 00'	0° 00'
Pelusinische Nilmündung	1° 51'	2° 38'
Heroonpolis	3° 21'	2° 40'
Südwestspitze Arabiens	8° 00'	13° 20'
Thapsakos	9° 00'	9° 43'
Phasismündung	11° 25'	11° 07'
Dioskurias (Kaukasus)	12° 17'	10° 13'
Ninive	13° 17'	13° 15'
Babylon	13° 43'	14° 18'
Susa	18° 34'	18° 26'
Pylae Caspiae	23° 17'	22° 26'
Coliaci (Südspitze Indiens)	70° 25'	50° 58'

Es war KRATES VON MALLOS, der um 150 v. u. Z. in Pergamon lehrte und die fehlerhafte Verebnung der Erdoberfläche korrigierte. Er verzichtete auf die theoretische Begründung einer Abwicklung der Erdoberfläche auf den Zylindermantel und ging die Sache gleich praktisch an. Er schuf eine „verjüngte Kugel", auf welcher das Koordinatensystem nicht nur maßstabsgerecht, sondern auch konstant rechtwinklig schneidend übernommen wurde.

Während ERATOSTHENES ein Erdbild auf seiner Karte zeigte, das unseren heutigen Vorstellungen durchaus nahekommt, ging KRATES bei seiner Erddarstellung von vier „Inseln" aus, die von einem Wassergürtel umgeben sind. Diese unterschiedlichen Auffassungen haben die Gelehrten noch lange Zeit beschäftigt.

TIMOSTHENES VON RHODOS, Flottenbefehlshaber unter PTOLEMÄOS II. PHILADELPHOS (285–247 v. u. Z.) hinterließ geographische Beschreibungen, die in Bruchstücken erhalten geblieben sind. Daraus kann man entnehmen, daß die Griechen zwei Arten von Karten für die Praxis kannten – die Wegkarten und die Routenskizzen. Für den Gebrauch auf dem Meer waren Seehandbücher und Seekarten bestimmt. In den großen Hafenstädten gab es damals bereits Büros zur Herstellung von Seekarten. Diese wurden schon gewerbsmäßig angefertigt. Das Kartenmaterial wurde gesammelt, und so konnte durch Kopieren entsprechend dem Auftrag für jede Fahrt eine Karte zur Verfügung gestellt werden. Besonders zuverlässig waren die Distanzangaben des TIMOSTHENES für die Mittelmeerküsten. Er war Wissenschaftler und Flottenführer in einer Person. Seine elf Bücher enthalten statistische und nautische Informationen über die Mittelmeerhäfen.

Bleibt noch die Leistung des HIPPARCHOS VON NIKÄA zu erwähnen. Er versuchte einem astronomisch begründeten System der Kartographie zum Durchbruch zu verhelfen. HIPPARCHOS wurde zum Schöpfer der mathematischen Geographie und wissenschaftlichen Kartographie. Fragmente seiner zahlreichen Werke sind bei STRABON zu finden. HIPPARCHOS setzte sich ganz besonders mit der Karte des ERATOSTHENES auseinander. Mit Hilfe geometrischer Methoden bewies er die Unzulänglichkeit der mathematischen Grundlagen dieser Karte. Er lehnte alle Vermessungslinien, die aus klimatischen Gegebenheiten abgeleitet waren, ab und verlangte, daß die Kartographie sich nur auf die astronomische Ortsbestimmung stützen darf. Das gilt auch für die Bestimmung der geographischen Länge, die man, so berichtet STRABON über HIPPARCHOS' Ansicht, aus dem Zeitunterschied des Eintritts einer Verfinsterung errechnen kann. Im dritten Buch seiner „Erdkunde" finden wir eine Breiten- und eine Finsternistabelle sowie den Versuch einer richtigen mathematischen Projektion von Kugeloberflächen. Seine Breitenangaben bestechen durch ihre Exaktheit, wie aus der nachfolgenden Übersicht zu entnehmen ist (die Breitenangaben beziehen sich auf die nördliche Breite; ebd., S. 73):

Ort	HIPPARCHOS	Wirklichkeit
Okelis	12° 24'	12° 30'
Syene	23° 51'	24° 45'
Karthago	32° 28'	36° 51'
Sidon	33° 17'	33° 25'
Athen	37° 03'	37° 58'
Alexandria Troas	40° 52'	39° 49'
Byzanz	43° 01'	41° 01'
Borysthenes	48° 50'	46° 39'

Die bedeutendste Erkenntnis von HIPPARCHOS: Um einen beliebigen Punkt der Erdoberfläche mathematisch genau auf einer Karte festzulegen, braucht man ein geeignetes Projektionsverfahren. Bei der stereographischen Projektion, die HIPPARCHOS vorschlug, liegt das Projektionszentrum diametral dem Berührungspunkt der Projektionsebene gegenüber. Bei diesem Verfahren, das PTOLEMÄUS „Kugelverebnung" nannte, befindet sich der Ausgangspunkt der Projektionsstrahlen auf einem beliebigen Punkt der Erdoberfläche. Die Bildebene schneidet den Hauptstrahl (Projektionszentrum – Erdmittelpunkt – Mittelpunkt der Bildebene) im rechten Winkel. Bei HIPPARCHOS entsprach die Bildebene der Äquatorebene. Der Äquator verändert in dieser Abbildungsweise seine Größe nicht, die Parallelkreise werden konzentrische Kreise. Es ist der einzige kreistreue Entwurf. Der Vorteil dieses Projektionsverfahrens besteht darin, daß – wenn man vom Projektionszentrum ausgeht – alle Richtungen nach der Verebnung untereinander winkeltreu bleiben. Es ergibt sich jedoch der große Nachteil, daß die Abbildung der gesamten Erdoberfläche nicht auf einem Blatt möglich ist, man schaut faktisch nur auf eine Erdhalbkugel, äußerster und größter Kreis ist der Äquator. HIPPARCHOS schien mit diesem Verfahren auch nicht zufrieden zu sein und erfand ein zweites – das orthographische Projektionsverfahren. Hier wird der Ausgangspunkt des Zentralstrahles als im Unendlichen gelegen angenommen, die Projektionsebene befindet sich wiederum senkrecht zu ihm. Dadurch treffen alle Projektionsstrahlen parallel und senkrecht auf die Bildebene. HIPPARCHOS benötigte für jede Erdhalbkugel eine Projektionsebene. Bei der orthographischen Äquatorialprojektion war der Mittelpunkt der darzustellenden Hemisphäre ein Punkt auf dem Äquator, vielleicht der Schnittpunkt mit dem Meridian von Rhodos auf der Karte des ERATOSTHENES. Dabei werden die Parallelkreise als gerade Linien, die senkrecht zur Erdachse stehen, und die Meridiane als Ellipsen (mit der Erdachse als gemeinsame große Achse) abgebildet. Die Konstruktion der ellipsoiden Nebenmeridiane muß ihm offensichtlich Probleme bereitet haben. Das könnte auch der Grund dafür gewesen sein, daß er nicht versucht hat, eine verbesserte Erdkarte zu zeichnen.

Die genannten Projektionsverfahren waren die herausragendsten Ergebnisse griechischer Geographie und Kartographie.

Vor sich gehende Veränderungen auf politischem und militärischem Gebiet wirkten sich auch auf die Spezialwissenschaften aus. Durch den zunehmenden Einfluß der Römer im Mittelmeerraum kam es immer mehr zu Reaktionen gegen die astronomische Geographie. Das Jahr 146 v. u. Z., die Einnahme Korinths durch die Römer, wird als politisches Ende des alten Griechenlands angesehen. Das kulturelle Erbe wurde zwar von den Eroberern übernommen und, was die Geographie und Kartographie betraf, auch entsprechend gefördert, aber nur unter einem völlig anderen Blickwinkel. Der praktische Nutzen stand absolut im Vordergrund, nicht so sehr mehr die wissenschaftliche Betrachtung, die astronomische

Ortsbestimmung, sondern die empirische Vermessung und Zusammenstellung der durch Land- und Seereisen erhaltenen Angaben über die Ausdehnung von Land- und Meeresflächen. Den Römern genügten die von Reisenden und Seefahrern gemachten Angaben. Auch auf diesen Informationen aufbauend konnte man Karten herstellen, die für Handel, Verkehr und Militär nutzbar waren. Den Römern ging es um die Weltherrschaft, das zu erobernde Reich mußte verwaltet werden! So ist es uns verständlich, daß zunächst die Praktiker in höherem Ansehen standen als Leute, die sich mit der Weiterentwicklung von Kartennetzentwürfen und der Kartentheorie befaßten. Der Geograph J. PARTSCH formulierte das noch treffender (zitiert nach PAULY 1919, Stichwort Karten): „Der gewaltige Unterschied zwischen einem Eratosthenes, der die Maße der Erde in den Sternen las und einem Agrippa, der aus den Ziffern der Meilensteine berechnete, wie lang und breit jede Provinz sei, ist nichts anderes als der Typus des Gegensatzes des hellenischen und des römischen Geistes."

Erst im 2. Jahrhundert unserer Zeitrechnung nahm sich MARINUS VON TYROS wieder der Aufgabe an, eine Erdkarte unter Einbeziehung mathematisch-geographischer Grundsätze herzustellen. Er nutzte die leider falsche Erdvermessung des POSEIDONIOS. Nach dem Zeugnis von PTOLEMÄUS waren die astronomischen Hilfsmittel, die MARINUS für die Breitenbestimmung angab, unzureichend. Er hatte sicher die Werte des HIPPARCHOS verwendet. Mit seinem Projektionsverfahren wurde MARINUS zum Erfinder der Plattkarte. Ihre Konstruktion beruht auf einer Zylinderabwicklung. Die Meridiane schneiden sich dabei rechtwinklig mit den Parallelkreisen. Das System führt notwendigerweise zu einer Verzerrung des Kartenbildes, die im Verhältnis zur geographischen Breite zunimmt. MARINUS wandte noch einen Kniff an und legte den Zylindermantel nicht tangential an den Äquator, sondern ließ ihn im Parallelkreis von 36° n.Br. die Erdkugel schneiden. Für die Abbildung der nördlichen Halbkugel war dies zweifellos ein akzeptabler Kompromiß. MARINUS arbeitete alle neuen geographischen Informationen über die bekannte Welt, die es seit ERATOSTHENES gegeben hatte, in seine Karte ein.

An dieser Stelle soll näher auf die Feldmeßkunst im Römischen Reich und ihren praktischen Nutzen eingegangen werden. Schließlich gilt auch in der Kartographie die Feststellung, daß ein Gesamtwerk nur so gut ist wie die Details, und die beginnen beim Vermessen eines Hauses, einer Straße, eines Ortes oder eines Feldes. Auf dem Gebiet der Vermessung waren die Römer zweifellos Meister ihres Faches. Das beweisen selbst die spärlich erhalten gebliebenen Unterlagen. Interessanterweise, man möchte sagen, traurigerweise gibt es aus der Römerzeit viel weniger Kartenbelege als aus dem alten Griechenland. Dennoch müssen Karten im Römischen Imperium sehr verbreitet gewesen sein und wurden sogar im Schulunterricht verwendet. Aus den Werken der Schriftsteller und Dichter der damaligen Zeit kann man entnehmen, daß die Allgemeinheit einen geographischen Bildungsstand besaß, der mit dem heutigen (natürlich unter Berücksichtigung des insgesamt damals vorhandenen Wissens) vergleichbar ist. In den Schulen wurde die Geographie als Teilgebiet der Geometrie gelehrt.

Im Römischen Reich hat man trotz veränderter Zielstellung die gesamten kartographischen und geographischen Erkenntnisse des Altertums zusammengefaßt. Aus dem Zweistromland, aus Griechenland, Ägypten und von den Etruskern stammten die Vorstellungen vom Bild unserer Welt, das römische Kartographen weiterentwickelten. Mit einiger Wahrscheinlichkeit ist das auch die Zeitepoche, in der Karten so vervollkommnet wurden und ein derart umfangreiches Wissen enthielten, daß sie bei der Neuauflage im ausgehenden Mittelalter als rätselhaft angesehen werden mußten.

Die Römer unterschieden zwei Kartentypen: Die „formae" und die „tabulae". Erstere waren großmaßstäbige Katasterpläne für die Aufteilung des Landes. Sie wurden von den Agrimensoren angefertigt, die ursprünglich ein Priesterkollegium mit etruskischer Tradition waren. Wissenschaftliche Quelle für die praktische Arbeit der Agrimensoren waren die Werke von HERON. Er beseitigte die alten lang überlieferten und ungenauen Näherungsformeln und führte die Berechnung der Dreiecksfläche unter Verwendung der drei Seiten ein. In den „tabulae" ist die griechische Tradition verankert. Es sind geographische Karten in kleinem Maßstab, die von Geographen geschaffen wurden. Für die Agrimensoren war die Erde immer noch eine Scheibe in der Ausdehnung der vier Himmelsrichtungen. Die Geographen hingegen kannten bereits die Kugelgestalt der Erde und entwarfen ihre Karten mit Hilfe mathematischer Projektionsverfahren.

Die Arbeitsweise der Agrimensoren ist in der mittelalterlichen Abschrift des „Corpus Agrimensorum Romanorum" überliefert. Ihr ältester Autor ist SEXTUS JULIUS FRONTINUS, er lebte um das Jahr 100 und bekleidete hohe Ämter. FRONTINUS hat uns überliefert, daß die Feldvermessung und Landabsteckung ein Bestandteil des etruskischen Gesetzeswerkes „disciplina Etrusca" war, das vor allem bei Stadtgründungen zur Anwendung kam. Ein weißer Stier zog mit einem Pflug eine Furche an der Stelle um die zukünftige Stadt, wo später die Stadtmauer errichtet werden sollte. An den zukünftigen Stadttoren wurde der Pflug angehoben. In seinen letzten Lebensjahren wurde FRONTINUS „Augur", d. h. Mitglied eines Priesterkollegiums, welches noch die alte etruskische Sakralwissenschaft lehrte. Neben den Vermessungsaufgaben gehörten die Kenntnisse der Astronomie, der Kalenderwissenschaft und die Vorhersagen, zum Beispiel aus der Leberschau, dem Verlauf des Blitzes und dem Vogelflug, zu dieser Wissenschaft.

Die Landabsteckung (Limitation) wurde in der Zeit nach FRONTINUS bei den Gründungen römischer Siedlungen angewandt. Im zweiten Jahrhundert hat man mit diesem Verfahren ganze Provinzen, ja man kann ohne Übertreibung sagen, halb Europa vermessen. Die Limitation erfolgte als Quadratmessung im rechtwinkligen Achsenkreuz, welches ursprünglich nach den Haupthimmelsrichtungen orientiert war. Viel häufiger wählte man aber die Ausrichtung zum Horizontort des Sonnenaufganges am längsten Tag, also dem 21. Juni. Im Zentrum der Limitation befand sich bei den Etruskern der „mundus", die Öffnung eines tiefen Brunnens, der mit einem Stein verschlossen war. Das war die symbolische Verbindung der Stadt mit der Unterwelt. Bei den Römern hieß das Zentrum „umbilicus", der Nabel, und bestand aus einem behauenen Stein, den man in Verbindung mit einem Altar errichtet hatte. Die Achse, die nach der aufgehenden Sonne ausgerichtet war, hieß „decumanus maximus" und die im rechten Winkel dazu liegende Achse „cardo maximus". GROS-JEAN (1980, S. 13) beschreibt die Ermittlung des rechten Winkels: „Der rechte Winkel wurde mit Hilfe der „groma" bestimmt, eines rechtwinkligen Kreuzes, das drehbar auf dem Ausleger einer übermannshohen Stange gelagert war, und an dessen vier Enden Schnüre mit Senkblei herabhingen, über die visiert wurde. Auch unter dem Kreuzscheitel hing ein Senkblei, um diesen genau senkrecht über den Umbilicus, bzw. eine andere Meßmarke bringen zu können. Waren die Hauptachsen eingefluchtet, wurden auf ihnen mit Meßstangen (pertica zu 10 Fuß = 2,96 m) Distanzen von 2400 Fuß (= 240 pertica) abgetragen. Bei je 240 perticae wurde eine Meßmarke (moeta) gesetzt, von der aus wieder Querachsen abgetragen wurden, die ihrerseits in Abschnitte zu 240 perticae geteilt wurden. So entstand ein Quadratraster von 2400 Fuß Rasterweite (= 710 m). Diese Quadratabsteckung wurde im Gelände durch Steine (termini) versichert und außerdem in einer forma festgehalten." Nach erfolgter Einteilung konnte das Land den Kolonisten zugewiesen werden. Der Aufbau des Straßennetzes erfolgte so, daß man jede vierte oder fünfte Achse als Straße ausbaute. Die „forma" wurde auf Steinplatten graviert oder in Bronzetafeln gegossen und in jedem Stadtteil aufgestellt (vgl. Foto 3). Eine leinerne Kopie davon wurde im kaiserlichen Archiv in Rom aufbewahrt. Erhalten geblieben sind die Fragmente der „forma" von Arausio. Im Gebiet des ehemaligen Forums fand man viele Marmorbruchstücke, die die gewaltigen Dimensionen des mehrere Meter großen Planes erkennen lassen. Auf den Bruchstücken sind das Quadratnetz, die Bezeichnungen der Quadrate, Flußläufe und Straßen sowie die Namen der Grundstückseigentümer einschließlich ihrer Flächenanteile an der Centurienquadratur beschrieben. Möglicherweise sind auch verschiedene andere, in den mittelalterlichen Handschriften zu findende Illustrationen den „formae" entnommen. Sie zeigen Gebirge in Seitenansicht und Städte mit Ringmauern aus der Vogelschau.

Von den Land- und Seekarten des Römischen Reiches ist vermutlich nichts mehr erhalten. Die Existenz einzelner Karten ist nur durch die Quellen bezeugt. So vollendete der bedeutendste Mitarbeiter des Kaisers AUGUSTUS, der Feldherr und Verwaltungschef MARCUS VIPSANIUS AGRIPPA (um 62–12 v. u. Z.), im Jahre 20 v. u. Z. eine große Reichskarte (vgl.

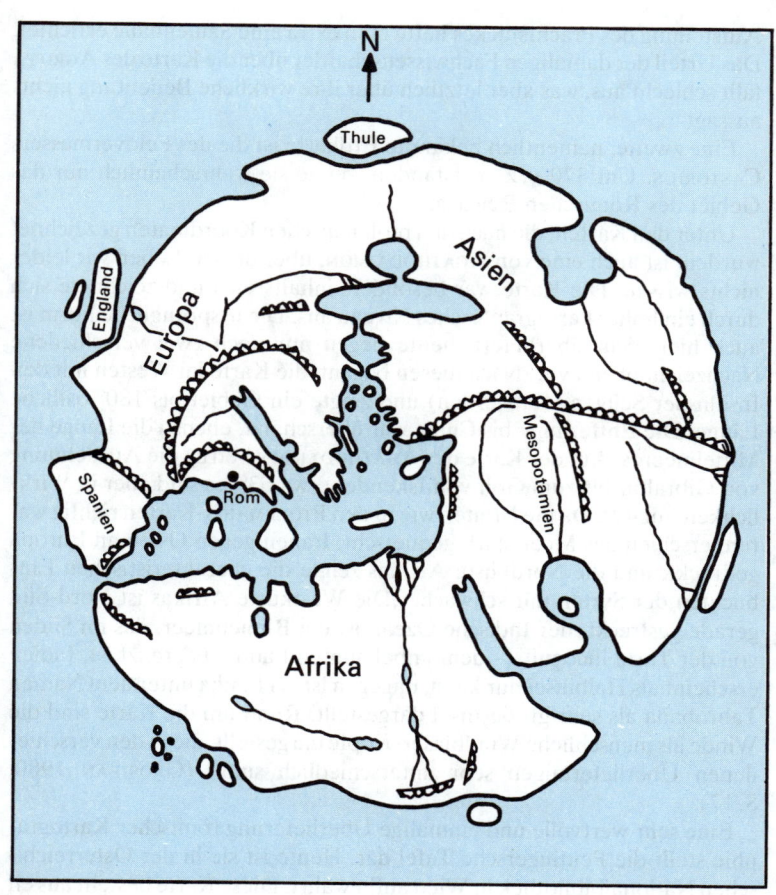

Abbildung 16
Rekonstruktion der Erdkarte des MARCUS AGRIPPA

Abb. 16). Sie wurde als bedeutsames Monument auf dem Marsfeld in Rom aufgestellt, die Provinzhauptstädte erhielten Kopien. Möglicherweise dienten derartige Monsterwerke als Kopiervorlage für kleine Handkarten auf Papyrus, Leinwand oder Pergament. Unser Wissen von dieser Karte stammt aus zwei kleinen Schriften von PLINIUS DEM ÄLTEREN, in denen eine geographische Abfolge bestimmter Angaben von Nord nach Süd und von Ost nach West, die zweifellos aus dieser Karte stammen, aufgezeichnet ist. Unter den beschriebenen Landgebieten befinden sich Spanien, Italien, Illyrien, Griechenland, Dacien, Germanien, Gallien, Ägypten, Syrien, Asien, Indien und Mesopotamien. Zur

79

Aufstellung des Prachtstückes hatte man extra eine Säulenhalle errichtet. Das Urteil der damaligen Fachwissenschaftler über die Karte des AGRIPPA fällt schlecht aus, was aber letztlich über ihre wirkliche Bedeutung nichts aussagt.

Eine zweite, namentlich bekannte Erdkarte ist die des Feldvermessers CASTORIUS. Um 370 u. Z. entstanden, zeigte sie wahrscheinlich nur das Gebiet des Römischen Reiches.

Unter den Karten, die nach den ptolemäischen Koordinaten gezeichnet wurden, ist auch eine von AGATHODAIMON, über dessen Leben wir leider nichts wissen. Die Karte war besonders inhaltsreich und zeichnete sich durch ein hohes kartographisches Niveau aus. Die ursprüngliche Form ist auch hier nicht überliefert, heute liegen nur noch zwei verschiedene Nachzeichnungen vor. Nach diesen begann die Karte im Westen mit den Inseln der Seligen (Kapverden) und zeigte ein Gebiet bis 180° östliche Länge. Die Entfernung bis China war überschätzt, ebenso die Länge des Mittelmeeres. Auf der Karte des AGATHODAIMON betrug die Ausdehnung von Gibraltar bis zum Golf von Iskender etwa 63°, es sind aber in Wirklichkeit nur 42°. Da die Breiten wie in den PTOLEMAIOS-Karten richtig waren, erschien das Meer stark gequetscht, Italien gegen Osten an Europa gedrückt, und die Nordküste Afrikas zeigte die charakteristischen Einbuchten der Syrten nur schwach. „Die Westküste Afrikas ist Nord-Süd gerade gestreckt, der Indische Ozean ist ein Binnenmeer, das im Süden von der Terra incognita – dem unbekannten Land – begrenzt ist. Indien erscheint als Halbinsel nur klein, dagegen ist Sri Lanka unter dem Namen Tabrobana als sehr große Insel dargestellt. Rund um die Karte sind die Winde als menschliche Windbläser-Köpfe dargestellt, die in den verschiedenen Überlieferungen sehr unterschiedlich sind" (GROSJEAN 1980, S. 17).

Eine sehr wertvolle und einmalige Überlieferung römischer Kartographie stellt die Peutingersche Tafel dar. Heute ist sie in der Österreichischen Nationalbibliothek in Wien aufbewahrt. Diese Karte besteht aus elf Pergamentblättern, die zusammen einen 24 cm breiten und 6,82 m langen Streifen ergeben. Die Karte besaß wahrscheinlich links außen noch ein zwölftes Blatt, auf welchem der Titel der Angaben zum Autor ersichtlich waren. Es handelt sich bei der Karte um eine Kopie, die vermutlich aus dem 12. oder 13. Jahrhundert stammt und in einem Kloster (möglicherweise Reichenau) von dem Bibliothekar des Kaisers MAXIMILIAN I., KONRAD CELTES, gefunden wurde. Er vermachte sie im Jahre 1501 durch Testament dem berühmten Humanisten und Handschriftensammler KONRAD PEUTINGER, dem die Karte heute ihren Namen verdankt.

Die Peutingersche Tafel geht auf besondere römische Spezialkarten zurück, die eigentlich mehr ein Routen-Distanzschema darstellten als eine normale Karte. Auf Grund ihrer Limitationen müssen aber die Römer wesentlich bessere Karten besessen haben. Von unschätzbarem Wert sind zweifellos die 3500 Ortsnamen auf der „Tabula Peutingeria". Sie enthält

Italien als schmales Band in der Mitte, nördlich davon Mitteleuropa, die östlichen Gebiete und im Süden Nordafrika. Die blaugrün getönten Bänder dazwischen sind Meere. Die Straßen wurden rot gezeichnet. Die Gebirge sind als schmale Bänder von zackigen Hügeln (Maulwurfshügelmanier), die Wälder durch groß gezeichnete, solitär stehende Bäume wiedergegeben. Sie ähneln der Darstellung im „Corpus Agrimensorum Romanorum" und scheinen demnach charakteristisch für den römischen Kartenstil gewesen zu sein. GROSJEAN (1980, S. 17) bezeichnet die Technik des Aufbaues dieser Karte als raffiniert. Ziel des Zeichners war offensichtlich die Schaffung einer für die Reise praktischen Routenkarte. Wer schon einmal im PKW Trabant als Beifahrer eine Autokarte aufblättern mußte und dem Fahrer die Sicht nahm, kann den Vorteil dieser nur 34 cm breiten Rolle ohne Zweifel verstehen.

Auf der „Tabula Peutingeria" sind 110000 km Straßen eingezeichnet! Unter Kaiser TRAJAN (Ende des 1. Jahrhunderts) besaß das Römische Imperium seine maximale Flächenausdehnung. Das gesamte Straßennetz hatte zu dieser Zeit etwa eine Länge von 330000 km. Auch heute noch führen moderne Verkehrstrassen oft dort entlang, wo einst die Straßen und Wege der Römer verliefen.

Weitere Hinweise auf eine Verwendung von Karten, ihre Herstellung und Vervielfältigung im Römischen Reich sind leider nur spärlich überliefert, runden aber das Gesamtbild ab. In der römischen Kaiserzeit müssen sich zahlreiche Karten im privaten Besitz oder im Besitz von Ausbildungsstätten befunden haben. Der Dichter PROPERZ erzählt von einem Mädchen, welches nachts nicht schlafen kann, weil sie sehnsuchtsvoll an ihren Geliebten denkt, der sich im Kampf an einer Front befindet. PROPERZ läßt sie in seiner Geschichte auf einer Karte nachsehen, um herauszufinden, wo sich ihr Freund genau befindet. Diese Stelle ist bemerkenswert. Überliefert ist auch, daß der Privatbesitz von bestimmten Karten ein Grund zur Bezichtigung des Hochverrats werden konnte. Die militärische Bedeutung der Karten hat sich bis in die Gegenwart verständlicherweise nicht geändert. So wurde beispielsweise METTIUS POMPUSIANUS unter VESPASIAN (69–79) wegen Opposition gegen seinen Kaiser verhaftet. Beweismittel war der Besitz von ein oder zwei Erdkarten, die man in seinem Hause fand. VESPASIAN ließ aber nicht die Todesstrafe vollstrecken, sondern designierte ihn zum Konsul mit prätorischem Rang. So hatte er ausreichend zu tun und keine Zeit für umstürzlerische Pläne.

In der gallischen Stadt Augustodunum forderte im Jahre 297 EUMENIUS den Statthalter auf, bei der kaiserlichen Regierung um Zuweisung von Räumen für den Schulunterricht vorzusprechen und außerdem die Bitte zu stellen, eine Karte der Ökumene zu bewilligen. Die Begründung: So können die Schüler die Nachrichten von den kaiserlichen Siegen sofort an der Karte verfolgen. Ob man die Karte auch bei kaiserlichen Niederlagen nutzen wollte, ist nicht überliefert. EUMENIUS hatte offensichtlich eine gute Meinung von der Richtigkeit dieser Karte, die er auf Grund der Für-

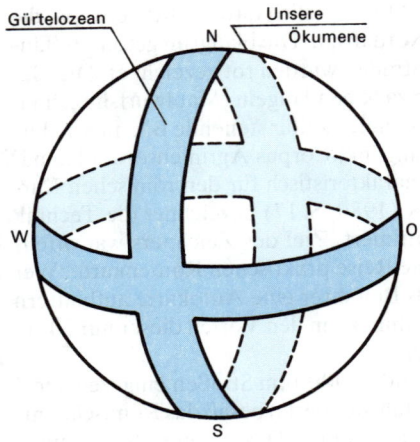

Gürtelozean · Unsere Ökumene · N · W · O · S

Abbildung 17
Globus des KRATES (vereinfachte
Rekonstruktion
nach SCHMITHÜSEN 1970)

sprache erhielt. Die Landumrisse seien zuverlässig, die Ausstattung reichhaltig und die Ortsnamen und Flüsse vollzählig.

CASSIODOR (490–583), ein römischer Staatsmann und Schriftsteller im Dienste THEODERICHS, schenkte den Mönchen seines Klosters eine Karte als Hilfsmittel für das Studium der Geographie. Außerdem überließ er ihnen die Kosmographie des IULIUS HONORIUS. Diesem Werk war aber keine Karte beigefügt.

Abschließend sei noch eine viel jüngere Erdkarte erwähnt, die man aber noch zu den Karten römischen Ursprungs zählen kann und die schließlich beweist, daß Karten aus dieser Zeit bis in unser Jahrtausend überdauerten. Wenn auch spärlich, so gibt es doch einige Hinweise für die Weitergabe von geographisch-kartographischem Wissen bis in die Zeit, in der die Portulankarten gezeichnet wurden.

Der Abt von Bourgeuil, BAUDRI, hat um 1100 im Schlafzimmer der ADELA, der Tochter WILHELMS DES EROBERERS, eine römische Erdkarte gesehen. Welcher Aufbewahrungsort für eine Karte! Oder diente sie der Weiterbildung der Kavaliere? Aus der überlieferten Beschreibung erfahren wir, daß die Karte auf einem niedrigen Marmorpodium aufgelegt und mit einer glasartigen Masse bedeckt war, um sie vor Staub und vor dem Betreten zu schützen. Die Erde war kreisrund dargestellt, umgeben von einem tiefblauen Meer.

Abschließend zu diesem Kapitel sollen noch einige Ausführungen zur Entwicklung der Erdgloben folgen. Der Globus als maßstabsgerechtes verkleinertes kugelförmiges, längen-, flächen- und winkeltreues Modell der Erdoberfläche läßt sich durch keine Karte, mag sie auch auf einem noch so raffinierten mathematischen Kartennetzentwurf basieren, ersetzen. Die vom Globus abgenommenen Entfernungen stimmen immer unter Beachtung des Maßstabes mit der Wirklichkeit überein.

Ob KRATES der Erfinder des Globus war, kann nicht bewiesen werden. Auf jeden Fall stammt der erste nachweisbare Globus von ihm (vgl. Abb. 17). Jeweils nördlich und südlich des Äquators waren je zwei Erdteile zu sehen, die die damals bekannte Ökumene darstellen sollten. Diese vier Erdteile waren über Kreuz durch einen äquatorialen und einen meridionalen breiten Wasserstreifen getrennt. Man hat den Globus deshalb oft mit dem Reichsapfel verglichen. Das, was auf dem Globus dargestellt war, bedeutete inhaltlich gegenüber den Karten einen beträchtlichen Rückschritt. Wo KRATES den Globus aufgestellt hatte, ist nicht bekannt. Da er aber im Vorstand der Bibliothek von Pergamon war, wird der Globus in Pergamon zu besichtigen gewesen sein. Was man in einigen Werken über die Globen des ANAXIMANDER oder des THALES oder gar des MUSAIOS liest, beruht wahrscheinlich auf Verwechslungen mit Himmelsgloben.

STRABON, der überhaupt nur den Globus für geeignet hielt, um ein richtiges Bild von der Erdoberfläche zu bekommen, benötigte für die Zeichnung kein Koordinatensystem. Er stellte nur die Ökumene dar und sah dafür ein auf die Kugel projiziertes Viereck (das die damals bewohnte Welt zeigte) mit den zu dieser Zeit üblichen Maßen vor. Der Durchmesser seiner Weltkugel soll nicht weniger als zehn Fuß betragen haben. Es gab mehrere solcher monströsen Nachbildungen der Erde, auf ihnen wurde maximal ein Zehntel der Oberfläche für die Darstellung der Ökumene genutzt. Dies offenbarte dem aufgeschlossenen Beschauer, wie wenig die Menschen eigentlich von der Erdoberfläche kannten.

Wie ein ordentlicher Erdglobus auszusehen hat, lehrte auch PTOLEMÄUS. Er verlangte zunächst die Zeichnung eines Gradnetzes. PTOLEMÄUS empfiehlt ein solches mit Meridianen im Abstand von 5° und Breitenkreisen immer dort, wo die Unterschiede der Taglängen bei der Sonnenwende eine Viertelstunde betragen, auch mehr als eine Viertelstunde. Die Größe des Globus, meint PTOLEMÄUS, und da kann man ihm nur beipflichten, möge jeder nach seinem Dafürhalten wählen. Exakt heißt die Stelle (zitiert nach PAULY 1919, Stichwort Karten): „. . . je nach seiner Fähigkeit und seinem Ehrgeiz, da in demselben Maße, in dem der Durchmesser wächst, auch die Zeichnung auf dem Globus verfeinert und mehr detailliert werden muß."

Nach PTOLEMÄUS mußten über 1300 Jahre vergehen, bis man wieder einen Globus anfertigte. Er stammte von dem Deutschen MARTIN BEHAIM, die damit beginnende Entwicklung gehört aber nicht mehr zum Thema dieses Buches.

An dieser Stelle möchte der Autor den Exkurs durch die antike Kartographie beenden. Wir haben vom Leben und Wirken der Kartographen und Geographen des Altertums gehört und eine Vorstellung von deren Leistungen bei der Kartenherstellung bekommen. Viele Karten jener Zeit zeigten durchaus ein reales Abbild von Teilen der Erdoberfläche. Schon zu Beginn unserer Zeitrechnung gab es umfangreiche Sammlungen für geographische Erkenntnisse, welche der Nachwelt in Form von Karten und Beschreibungen teilweise erhalten geblieben sind.

Mit dem Einsetzen der Völkerwanderung begann der Untergang der antiken Welt. Zahlreiche Wissensgebiete, darunter auch die Kartographie, stagnierten in ihrer Entwicklung. Erst im ausgehenden Mittelalter kam es zu einer Wiederbelebung. Die Kartographie profitierte dabei am meisten von den beginnenden Entdeckungsfahrten europäischer Seeleute. Dafür wurden einerseits zahlreiche kartographische Angaben benötigt, andererseits kam es nahezu bei jeder Fahrt zu einer Bereicherung der geographischen Erkenntnisse, die wiederum den Kartographen zugute kamen. Als eine besondere kartographische Leistung in dieser Zeit gelten die Karten, die wir heute Portulane nennen und die auf einer direkten Überlieferung antiker Erkenntnisse basieren. Ihnen ist das nächste Kapitel gewidmet.

Portulankarten – Höhepunkt und neuer Anfang

In der Zeit der Renaissance begannen viele europäische Völker sich das Wissen und die Erfahrungen der Antike zu erschließen. Welchen Aufschwung dadurch das nachmittelalterliche Europa nahm, vermittelt uns sehr eindringlich Friedrich Engels: „Die moderne Naturforschung datiert, wie die ganze neuere Geschichte, von jener gewaltigen Epoche, die wir Deutsche die Reformation, die Franzosen die Renaissance und die Italiener das Cinquecento nennen, und die keiner dieser Namen erschöpfend ausdrückt. Es ist die Epoche, die mit der letzten Hälfte des 15. Jahrhunderts anhebt... In den aus dem Fall von Byzanz geretteten Manuskripten, in den aus den Ruinen Roms ausgegrabenen Statuen ging dem erstaunten Westen eine neue Welt auf, das griechische Altertum; vor seinen lichten Gestalten verschwanden die Gespenster des Mittelalters; Italien erhob sich zu einer ungeahnten Blüte der Kunst, die wie ein Widerschein des klassischen Altertums erschien und die nie wieder erreicht wurde. Die Schranken des alten Orbis terrarum wurden durchbrochen, die Erde wurde eigentlich erst jetzt entdeckt und der Grund gelegt zum späteren Welthandel und zum Übergang des Handwerks in die Manufaktur, die wieder den Ausgangspunkt bildete für die moderne Industrie... Es war die größte progressive Umwälzung, die die Menschheit bis dahin erlebt hatte, eine Zeit, die Riesen brauchte und Riesen zeugte, Riesen an Denkkraft, Leidenschaft und Charakter, an Vielseitigkeit und Gelehrsamkeit. Die Männer, die die moderne Herrschaft der Bourgeoisie begründeten, waren alles, nur nicht bürgerlich beschränkt. Im Gegenteil, der abenteuernde Charakter der Zeit hat sie mehr oder weniger angehaucht. Fast kein bedeutender Mann lebte damals, der nicht weite Reisen gemacht, der nicht vier bis fünf Sprachen sprach, der nicht in mehreren Fächern glänzte" (Engels 1961, S. 7 f.).

Die Renaissance hat auch die Kartographie wesentlich und nachhaltig beeinflußt. Zunächst einmal griffen die Kartographen auf das Werk von Claudius Ptolemäus zurück. Die Bedeutung dieses Mannes für die Wissenschaft des nachklassischen Europas kann nicht genug hervorgehoben werden. Trotz der Ungenauigkeiten und Mißverständnisse war das in der „Geographia" gespeicherte Wissen 1500 Jahre lang Arbeitsgrundlage für die Geographie. Fast jedes geographische Werk brachte im Anhang eine Karte nach den Angaben von PTOLEMÄUS, und so gibt es heute zahlreiche Versionen, die oft voneinander auch abweichen. Zunächst ganz im Schatten dieser Karten wurden andere, für die Seefahrt bestimmte Zeichnungen bekannt. Man nannte sie Portulane, Seekarten, die den Seefahrer von Hafen zu Hafen bringen sollten. Ihre Ursprünge liegen noch ziemlich im Dunkeln, doch führen sie direkt zu den Rätseln alter Karten. Vom 14. Jahrhundert an wurden diese Karten gezeichnet, sie enthalten scheinbar ein damals nicht vorhandenes, genauer gesagt, nicht mehr vorhandenes geographisches Wissen. Das erkannte zunächst niemand, ja man wunderte sich nicht einmal über die dargestellten Sachverhalte. Viele heutige Kartographen hielten dieses mit dem Erkenntnisstand des Mittelalters als unvereinbar und ordneten die exakten Informationen der Phantasie der damaligen Zeichner zu. Der Autor hat darüber ausführlich in den „Ungelösten Rätseln alter Erdkarten" berichtet (HERTEL und KLÜGEL – HERTEL 1988, S. 55 f.). Man nannte die Portulane auf Grund der vielen Kompaßlinien, die angeblich die Routen darstellen sollen, auch „Kompaßkarten". Einige Autoren sehen in den Portulanen die ersten Karten, die unter Verwendung des Kompasses gezeichnet wurden. Wie unsinnig diese Behauptung ist, zeigt schon eine Betrachtung der Kompaßlinien. Sie verlaufen immer von sogenannten Kompaßrosen aus in alle Himmelsrichtungen. Auf diesen absolut geradlinigen Kursen zu fahren, wäre selbstmörderisch. Dazwischen liegen Inseln, Klippen und Untiefen. Es ist nicht kühn, sondern nur logisch zu behaupten, daß sich nie eine Schiffsbesatzung nach diesen Kompaßlinien gerichtet hat. Wozu also waren diese Linien da? Diese Frage hat CHARLES HAPGOOD (1979) umfassend beantwortet. Es waren ausschließlich Konstruktionshilfen für die Zeichnung der Karte. Bei der Karte des PIRI REIS aus dem Jahre 1513 handelt es sich beispielsweise um eine azimutale Projektion mit dem Zentrum Syene. Die Linien, welche strahlenförmig vom Zentrum wegführen, stellen das Gerüst dieser Projektion dar.

Die Portulane haben noch weitere interessante Gemeinsamkeiten. Sie zeigen, oft sehr großformatig, weite Teile der Erdoberfläche mit vielen Einzelheiten. Städte einschließlich der differenziert dargestellten wichtigen Gebäude, Flüsse, Flußmündungen, Häfen, Trinkwasserquellen, Felsen, Strömungen, Untiefen und manchmal auch das Porträt des Herrschers sind auf diesen Karten festgehalten. Auf einigen von ihnen sind sogar alte, heute archäologisch interessante Fundstätten eingetragen. Die Karten besitzen alle etwa die Größe von 100 × 50 cm, der Zeichenuntergrund besteht aus pergamentartig aufgetrockneter Tierhaut. Die Karten sind in der heute üblichen Form genordet, der Hals der Tierhaut ist immer nach Westen gerichtet. Nach MINOW (1976) sind heute etwa 130 verschiedene Portulankarten bekannt. Mit dem Beginn des 14. Jahrhunderts erschienen die ersten in Genua, Pisa und auf Mallorca. Ihre Quellen oder gar ihre Entstehungsgeschichte waren zunächst unbekannt. Die ersten Portulane sind undatiert, z. B. die „Karte von Pisa" und der Atlas „Tammar Luxoro". Die früheste datierbare Karte stammt von PETRUS VISCONTE (Genua) aus dem Jahre 1311. Weitere bekannte Hersteller von Portulankarten waren GIOVANNI DA CARIGNANO (1300), ANGELINO DULCERT (1330), FRANCESCO PIZIGANO (1370) und GUILLELMUS SOLERI (1388). In Ausnahmefällen, so auf der Karte von PIRI REIS aus dem Jahre 1513, hat der Zeichner seine Quellen in der Legende einzeln genannt. PIRI REIS verwendete 20 Karten und hat diese zum großen Teil einzeln aufgeführt. Allein schon der Hinweis, daß es sich um eine Übertragung von älterem kartographischem Wissen handelt, ist für die weitere Nachforschung sehr bedeutsam. Beweist er doch die heute vielfach nun anerkannte Tatsache, daß sich auf dem Wege über die Portulankarten altes Wissen bis in die Gegenwart erhalten hat.

MINOW (1976) unterscheidet die italienischen Portulankarten von den katalanischen. Erstere dienten den Seeleuten direkt als Hilfsmittel für die Navigation, und letztere erteilen vor allem auch Informationen über das Landesinnere. Die Karte des CARIGNANO (um 1310) wurde wie die Karte des PIRI REIS von 1513 aus mehreren Teilkarten gezeichnet. In einer umfangreichen und interessanten Arbeit hat A. J. DUKEN (1984) diese Karte untersucht. Er ging, wie HAPGOOD, davon aus, daß man die Karten auch rekonstruieren könne, wenn sie auf Grundlage einer mathematischen Projektion entstanden waren. DUKEN fand heraus, daß diese Karte aus drei Teilen besteht, einer Hauptkarte und zwei Anschlußkarten. Die Hauptkarte zeigt ein Gebiet östlich des Längengrades, der durch die um etwa 7° verlagerten Pole und Marseille verläuft. Das von den alten Kartographen genutzte Netz unterscheidet sich nur durch die Lage des Nullmeridians von unserem System. Eine Anschlußkarte zeigt das Gebiet westlich dieses Meridians bis Gibraltar und die zweite den atlantischen Raum von Kap Ghir bis Skandinavien. DUKEN konstruierte zunächst ein Hilfsnetz, das so zu drehen war, daß zwei geographische Bezugspunkte (hier Tanger und Alexandria) eingepaßt werden konnten. Die ausführliche Beschreibung ist der Originalliteratur zu entnehmen. Interessant sind die gezogenen Schlußfolgerungen. „Setzt man voraus, daß die Zahl der dem Kartographen vorgegebenen vermessenen Standorte recht klein war und daß er die mehr oder weniger weiten Zwischenräume gewissermaßen freihändig nach örtlichen Kartenskizzen oder den Angaben der Seefahrer ausfüllte, dann ist zu erwarten, daß die Küstenlinien insgesamt richtig gezeichnet sind, daß aber markante Punkte (Vorgebirge, Buchten, Orte) in den Lücken gewisse Abweichungen von den richtigen Standorten aufweisen. Unter Ausklammerung der offensichtlich auf fehlenden oder fehlerhaften Standortkoordinaten beruhenden Gebiete... gelangt man... zu einer mittleren Abweichung der projizierten Standorte von der gezeichneten Küstenlinie in Ost-West-Richtung (z. B. Levanteküste = ungünstigster Fall) von 2 mm, in Nord-Süd-Richtung von 1 mm" (DUKEN 1984, S. 30). Das ergibt einen Fehlerquotienten von 0,65 Promille! Ist dies nicht ein erstaunliches Resultat? Es war nur unter der Voraussetzung zu erzielen, daß sowohl der Erdumfang als auch das Verhältnis der Abstände der verschiedenen geographischen Orte zu diesem bekannt waren. Es wurden die Werte aus der Antike verwendet, daran zweifelt auch DUKEN nicht.

Auch wenn die Portulane erst mit dem Beginn der großen europäischen Entdeckungsfahrten auftauchen, so ist dies kein Beweis dafür, daß sie erst in dieser Zeit entstanden sind. Der Bedarf war sicher das Antriebselement für umfangreiche Recherchen der zuständigen Seefahrtbüros und Kartographen. Sie stießen dabei auf zahlreiche Informationen, mit Sicherheit auch auf Karten, die zum Teil auf Grundlage einer für sie unverständlichen Projektion entstanden waren. Nachprüfungen vor Ort ergaben dann die Genauigkeit und die Sicherheit der auf diesen Karten verzeichneten Seewege. So entschloß man sich, die Karten neu aufzulegen und dem damaligen Wissensstand entsprechend in der üblichen Manier zu ergänzen. Nach Ansicht des Verfassers war das „plötzliche Auftreten" der Portulankarten das Ergebnis einer massiven Forderung der Seefahrer nach exakten Karten. Es muß schon ein beeindruckendes Erlebnis gewesen sein, wenn die Kartenzeichner bei ihrer Suche in Archiven und Bibliotheken plötzlich vor einer Karte aus alter Zeit standen, die mehr Informationen enthielt, als ihnen bekannt waren. Offensichtlich hielt man diese Funde, aus dem Zwang der Lage heraus, nicht für Teufelszeug, sondern führte sie dem einzig richtigen Zweck, der Nutzung zum Wohle der Seefahrt, zu. MINOW (1976, S. 39) unterstreicht das mit den Worten: „Da die ältesten Portolankarten aus der Zeit um 1300 stammen, legt ihre reife Form schon zu diesem Zeitpunkt den Gedanken nahe, daß sie Vorläufer gehabt haben müssen. Auch die sachliche Genauigkeit der uns erhaltenen Karten weist daraufhin, daß die Zeichner dieser Karten bereits die Erfahrung vieler Generationen verwendet haben."

Im Gegensatz zu den PTOLEMÄUS-Karten sind auf den Portulanen die Küstenlinien viel exakter und die Längenverhältnisse fast genau wiedergegeben, was auch auf die Proportionen des östlichen Mittelmeeres und des Schwarzen Meeres zutrifft. Die Portulane zeigen nicht die Verzerrungen der PTOLEMÄUS-Karten und man hat den Eindruck, daß das aufgefundene Kartenmaterial von Praktikern, also Seefahrern stammen muß. Kein Rat ist verläßlicher als der, der auf Schiffen in Not gegeben wird, stellte schon LEONARDO DA VINCI fest. Die besonders exakte Zeichnung der Küstenlinie des Schwarzen Meeres spricht ebenfalls für ein hohes Alter der verwendeten Quellen. Ein großer Teil der Schwarzmeerküste war seit dem Jahre 400 auf Grund der politischen Situation für westliche Schiffe kaum befahrbar. Die Kartenaufnahmen müssen demnach früher gemacht worden sein. Hinzu kommt noch die Tatsache, daß die Gebiete, die auf den Portulankarten dargestellt sind, sich mit der Ausdehnung des Römischen Reiches decken. GROSJEAN und KINAUER (1970, S. 9) berich-

Abbildung 18
Die Gesichter der Windmacher auf der Weltkarte von REISCH (Basel 1508)

89

ten: „Im Römischen Reich sammeln sich die ganze Weisheit, das ganze Wissen und die ganze Erfahrung des mittelmeerischen Altertums und erhalten die gültige Form, in der sie der Nachwelt überliefert werden." Die Autoren schlußfolgern dann weiter: „Die Portolane im engeren Sinne sind sich auch unter sich sehr ähnlich, z. T. auch in den Liniennetzen, die aus einem System sich durchdringender und in den Brennpunkten mehrfach schneidender Quadratnetze bestehen. Das könnte auf den Gedanken führen, daß sich in den Portulankarten eine antike Kartentradition spiegelt, indem um 1300, wahrscheinlich in Byzanz, noch Seekarten aus dem Altertum vorhanden waren, die kopiert wurden. Darauf weist auch die Tatsache, daß es keine Vorstufen zu den Portulanen gibt. Schon in den ältesten Exemplaren, etwa dem um 1300 entstandenen Portulan von Pisa, sind die Küsten des Mittelländischen Meeres fertig da. Die Aufnahme und Kartierung dieser Küsten auf Grund von Seefahrten und Kompaßmessungen hätte aber viele Jahrzehnte erfordert. Irgend jemand hätte die Arbeit systematisch organisieren müssen. Dazu fehlten in jener Zeit die politischen Voraussetzungen" (GROSJEAN und KINAUER zitiert nach MINOW 1976, S. 39). GROSJEAN und KINAUER (1970) sehen als weiteres Indiz für das Alter der Portulane die schon erwähnten, in spätgriechischem Stil dargestellten blasenden Windköpfe an (vgl. Abb. 18).

Um das Geheimnis der Portulane zu lösen, muß man die elementare Frage beantworten, ob die Kartographen des Altertums die Ursprungskarten auf Grundlage eines Kartennetzentwurfes gezeichnet hatten, also etwa in der Form, in der in den letzten Jahrhunderten Karten üblicherweise entstanden. Man bestimmt die geographische Breite und Länge markanter Punkte und kann aus den so definierten geographischen Orten mit Hilfe einer Projektion zu einem wirklichkeitsgetreuen Abbild der Erdoberfläche kommen. Die geographische Breite läßt sich über die Sonnenhöhe am Tage und die Polarsternhöhe in der Nacht hinreichend genau bestimmen. Das Problem besteht in der Ermittlung der geographischen Länge. Viele Autoren haben dazu schon Überlegungen angestellt, es sei auf die Arbeit von C. SCHOY (1915) hingewiesen.

Zur Realisierung der Längenmessung muß man zunächst einen Nullmeridian festlegen. Da die Erde sich in 24 Stunden einmal um die Achse, also um 360° dreht, wird die Längenbestimmung zu einem Problem der Zeitmessung. Es ist bekannt, daß die Völker der Antike tatsächlich die Längenmessung oft auch auf eine Zeitmessung zurückgeführt haben. Die geographische Längenbestimmung war damit nur so exakt, wie dies die Methoden der Zeitmessung damals zuließen. Eine astronomische Längenbestimmung ist durch die Beobachtung des zeitlichen Verlaufes von Finsternissen möglich. Im „Almagest" des PTOLEMÄUS, in indischen und arabischen astronomischen Werken finden sich Tafeln zur Berechnung von Finsternissen sowie Hinweise zur Ermittlung der geographischen Länge. Nirgends aber gibt es in dieser Literatur ein numerisches Beispiel, woraus man unmittelbar die praktische Nutzung hätte ableiten können.

In dem vielleicht ältesten Astronomiebuch der Inder „Sûrya Siddhânta", d. h. „Die sichere Wahrheit enthüllt durch die Sonne", das im 4. Jahrhundert entstand, findet man Regeln für die Längenbestimmung durch die Beobachtung von Mondfinsternissen. Für die Araber waren es vor allem religiöse Gründe, die sie zur Bestimmung der geographischen Lage zwangen. Fünf Gebetszeiten zu bestimmten Tagesstunden, die Gesichtswendung zur Kaaba und der Beginn der Fastenzeit machten entsprechende Zeitangaben für die Bevölkerung erforderlich. Tatsächlich existieren noch heute für fast alle größeren Städte der islamischen Welt solche Wertetafeln. Ob die Genauigkeit, die für die Ausübung der religiösen Bräuche ausreichte, auch zum Zeichnen von Karten mit einem exakten Gradnetz gelangt hätte, ist zu bezweifeln.

Minow (1976) hält ebenfalls die Bestimmung der Ortszeit einer Sonnen- oder Mondfinsternis an verschiedenen Punkten der Erde für die in der Antike einzig praktikable Methode, um die geographische Länge zu bestimmen. Derartige astronomische Ereignisse sind aber selten und kaum für eine kontinuierliche Vermessungsarbeit geeignet. Es sind nur wenig antike Längenmessungen überliefert, und diese basieren vorwiegend auf terrestrischen Vermessungen.

Es gibt jedoch eine neuere Untersuchung der Frage, ob man in der Antike die geographische Länge mit ausreichender Genauigkeit bestimmen konnte. Matthias Buschek (1987) beschäftigte sich mit diesem Problem in einer verdienstvollen Arbeit. Die für viele überraschende Antwort lautet: Ja, man konnte Längenbestimmungen mit ausreichender Genauigkeit, wenn auch mit relativ hohem Aufwand durchführen. Diese Antwort ist natürlich kein Beweis dafür, ob auch wirklich die geographischen Längen so bestimmt worden sind.

Bereits Hipparchos forderte, für die Ermittlung der Länge eine Art Nachrichtendienst über große Strecken zu organisieren. Eine Variante dazu gab es schon in der zweiten Hälfte des 5. Jahrhunderts v. u. Z. in Griechenland, die Fackeltelegraphen. Demokleitos und Kleoxenes werden als Erfinder genannt. Diese Lichttelegraphie war ebenso bei den Römern und teilweise auch im Mittelalter in Anwendung. Für die Nachrichtenübermittlung zwischen Schiffen verwendet man manchmal heute noch die Flaggentelegraphie.

Buschek (1987) geht in seinen Untersuchungen von einem Zitat des Plinius (Plinius, 11/81) aus: „Deshalb ist es auch nie auf der ganzen Erde zugleich Nacht oder Tag, . . . da die Zwischenstellung des Erdballes Nacht und die Umdrehung den Tag bewirkt. Durch viele Erfahrungen ist dies erkannt worden: In Afrika und in Spanien wurden von Hannibal Türme, in Asien ähnliche Warten zum Schutz wegen der schrecklichen Überfälle durch Seeräuber errichtet. Wenn man auf diesen um die sechste Tagesstunde Signalfeuer anzündete, machte man oft die Erfahrung, daß sie von rückwärts [also im Osten, d. Verf.] liegenden Türmen um die dritte Nachtstunde gesichtet wurden." Demnach, so schlußfolgert Buschek, fiel

Abbildung 19
Eine Sonnenuhr, genannt „scaphium"
(der Name rührt von einer
griechischen Trinkschale her).
Bereits diese Art von Sonnenuhr
besaß eine Genauigkeit von zehn
Minuten. In die hohle runde
Schale sind Linien eingeritzt,
die die Stunden anzeigen
(nach RICH 1984).

den Betreibern dieser Signalstrecken auf, daß eine von Westen nach Osten durchgegebene Meldung „eher" im Osten ankam, als sie im Westen abgeschickt wurde. Um diesen Effekt professionell zu nutzen, ist es erforderlich, die jeweilige Ortszeit exakt zu bestimmen. Das war in der Antike nur mit Hilfe von Sonnenuhren möglich. Selbst im letzten Jahrhundert hatten die Sonnenuhren nur wenig von ihrer Bedeutung eingebüßt. So haben die Uhrmacher ihre Pendeluhren einmal täglich nach der Sonne gestellt, gleiches tat man auf einigen abgelegenen Bahnhöfen der französischen Eisenbahn noch bis zur Jahrhundertwende mit den Dienstuhren.

Aus der Antike sind erstaunlicherweise nur wenig Uhren erhalten geblieben, obwohl beispielsweise die römischen Sonnenuhren Gebrauchsgegenstände waren (vgl. Abb. 19). Meist wurden dazu einfache Skaphen verwendet, die in der Regel Temporalstundeneinteilung besaßen. Diese zeigten nur an zwei Tagen des Jahres, den Äquinoctien, die heutige Stundenlänge an. Im Jahre 1978 wurde in Istanbul eine gut ausgeführte Skaphe mit italienischer Stundeneinteilung und einer Untergliederung in eine Zehn-Minuten-Skala gefunden. Die Uhr war funktionsuntauglich, weil der Steinmetz durch ein Versehen die Stundenlinien in falscher Neigung graviert hatte. Sie wurde deshalb weggeworfen und blieb auf diesem Wege bis in die Gegenwart erhalten. BUSCHEK ist der Auffassung, daß man durch Interpolation der von einer Uhr mit Zehn-Minuten-Teilung abgelesenen Werte etwa eine Genauigkeit von drei Minuten erzielen kann. Zur Erläuterung seiner vorgeschlagenen Meßmethode geht BUSCHEK dann von einem fiktiven Zahlenbeispiel aus: Die angenommene Signallinie erstreckt sich im Mittelmeerraum über neun Längengrade. Dies entspricht einer Zeitdifferenz von 36 Minuten und einer Entfernung von etwa 1000 km. Zwischen den Endpunkten A und B befinden sich 330 Stationen im Abstand von 3000 m. Der Autor nimmt für die weitere Rechnung an, daß ein einfaches Signal, wie das Hochheben einer Flagge, mit einer Geschwindigkeit von 4 s/Station weitergegeben werden kann, wobei das Signal von A nach B 22 Minuten benötigt. In diesem Beispiel würde die Messung so verlaufen: In der Absendestation A beginnt die Messung um 6 Uhr Ortszeit. Die Endstation B hat zu diesem Zeitpunkt die Ortszeit 6.36 Uhr. Nach 22 Minuten trifft das Signal in B ein, da ist dort die Uhr auf 6.58 Uhr vorgerückt. Es erfolgt eine sofortige Rücksendung des Signals, das wiederum nach 22 Minuten in A ankommt. Hier ist es jetzt 6.44 Uhr. Zur Auswertung muß nun die Station A die Gesamtlaufzeit A – B – A die 44 Minuten betrug, halbieren. Aus der Differenz der beiden Ortszeiten für ein und dasselbe Ereignis (6.58 Uhr minus 6.22 Uhr) läßt sich der Längenunterschied ermitteln, der in diesem Beispiel, in Uhrzeit ausgedrückt, 36 Minuten beträgt.

Das ganze Verfahren setzt, und das soll noch einmal unterstrichen werden, eine äußerst exakte Zeitmessung an den Stationen, in dem postulierten Fall also klaren Himmel, voraus. Diese Vermessung der geographischen Länge wurde sicher nicht nur auf vorhandenen Telegraphenlinien durchgeführt, sondern man baute dazu auch gesonderte Meßstrecken auf, die nur diesem Zweck dienten und danach wieder aufgegeben wurden. Die Bestimmung der absoluten Entfernung der Meßpunkte ist nicht erforderlich. In dem vorgestellten Verfahren wird der Unterschied in der geographischen Länge zwischen zwei Punkten der Erdoberfläche (Einheit: Grad) durch einen Zeitunterschied (Einheit: Minute) ermittelt. Die Wegstrecke (Einheit: Stadion, Meile oder Kilometer) zwischen dem Anfangs- und Endpunkt einer Meßstrecke und zwischen den Meßstationen ist vollkommen belanglos, sofern durch eine zu große Entfernung der Stationen voneinander die Sicherheit der Signalübertragung nicht gefährdet wird. Möglicherweise verwendete man bevorzugt für diese mobilen Meßstrecken das umfangreiche römische Straßennetz. Der planmäßige Aufbau erforderte einigen Aufwand, doch wissen wir, daß die Römer meisterhafte Organisatoren waren. BUSCHEK rechnet mit drei Mann Besatzung für eine Station, also eine Person pro Kilometer. Dazu gehörte ein übergeordneter Verwaltungsapparat, der die Angelegenheit beaufsichtigte, die erforderlichen staatlichen Genehmigungen einholte, die Besatzungen der Meßstationen versorgte und Material bereitstellte. Der Zeitbedarf, einschließlich des Aufbaus der Meßstationen, betrug nach Meinung BUSCHEKS einige Wochen. Das Personal wurde wahrscheinlich vom Heer gestellt.

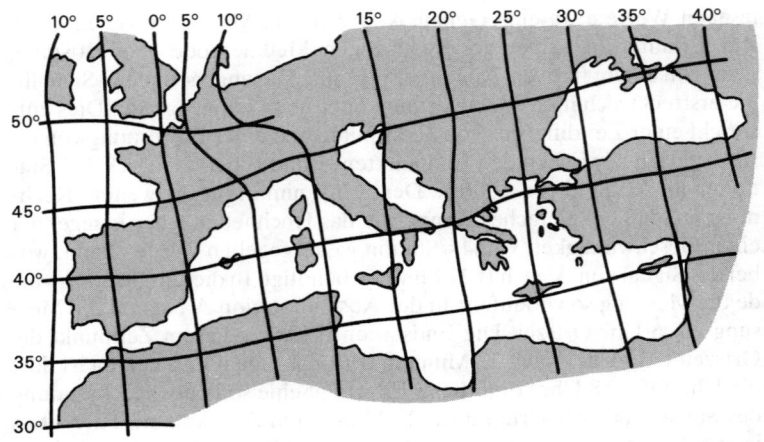

Abbildung 20
Karte des CARIGNANO (um 1310) mit heutigem Koordinatennetz (nach MINOW 1976)

Man könnte nun entgegenhalten, daß die praktische Durchführung dieser Meßvariante nicht bewiesen ist. Das ist zunächst richtig. Doch kam es BUSCHEK darauf an zu zeigen, daß mit den in der Antike vorhandenen Möglichkeiten eine Bestimmung der geographischen Länge realisierbar war!

Kehren wir zurück zu den Portulanen. Um die Exaktheit der kartographischen Darstellung auf den Portulanen zu prüfen, kann man ein Verzerrungsgitter verwenden. Dabei wird auf die zu untersuchende Karte das heutige Koordinatensystem gelegt (vgl. Abb. 20). Dies geschieht so, daß versucht wird, die exakten Längen und Breiten mit den auf der Karte dargestellten geographischen Punkten in Übereinstimmung zu bringen. Die auftretende „Verzerrung" der Längen- und Breitenkreise zeigt die Abweichung der alten kartographischen Darstellung von der Wirklichkeit. GROSJEAN und KINAUER (1970) haben dies an mehreren Karten versucht. Auf der Portulankarte des CARIGNANO (1310) erkennt man im Gebiet der Nordküsten eine beträchtliche Verzerrung (vgl. Abb. 20). Die Gebiete des Mittel- und des Schwarzen Meeres entsprechen annähernd den richtigen Proportionen. Dies kann wiederum als ein Hinweis auf den Wohnort der Kartenzeichner gewertet werden. Sicher wird den Leser die Entstehungszeit der Urportulane interessieren. Die auf den Portulanen genau gezeichneten Gebiete stimmen auffallend mit den Grenzen des Römischen Reiches in der mittleren Kaiserzeit (1. Jahrhundert) überein. GROSJEAN (1980, S. 19) schreibt zusammenfassend dazu: „Die Portolane zeigen aber gerade im Hinblick auf die West-Ost-Distanzen richtige Verhältnisse zu den Nord-Süd-Distanzen. Daraus resultiert der zwingende Schluß, daß die Portulane in ihrer Grundlage nicht zu Wasser, sondern terrestrisch vermessen und aufgenommen wurden. Die politischen Voraussetzungen zu einem solchen Unternehmen waren aber gar nie je in der Geschichte gegeben, außer im Römischen Reich. Hier bot sich das ganze Material der Limitation als Grundlage zur Erstellung von Karten an, und wahrscheinlich war das Unternehmen des Vipsanius Agrippa, das im Jahr 20 v. u. Z. mit der großen Reichskarte gekrönt wurde, eine regelrechte, viele Jahre dauernde Reichsvermessung. Wir dürfen daher mit großer Wahrscheinlichkeit in den Meeresumrissen auf der Grundlage der Portolane die Tradition der römischen Reichskartographie erblicken – viel eher als in den ptolemaios'schen Atlanten und in der Peutingerischen Tafel. Diese Auffassung wird auch durch die Beobachtung gestützt, daß die Portolane außerhalb des Römischen Reiches, wohl in den Teilen, die durch die Seefahrer des Mittelalters neu hinzugefügt wurden, sofort ganz primitiv und schlecht werden, so in der Ostsee und Skandinavien. Großbritannien erscheint in den meisten Portolanen typischerweise nur bis zum Hadrianswall, was nördlich, in Schottland, liegt fehlt oder ist ganz vage."

Die Datierung läßt sich noch präzisieren. Am Antoniuswall in Britannien befand sich seit dem Jahre 143 die äußerste Reichsgrenze. Kurz nach dem Jahre 180 erfolgte eine Rückverlegung dieser auf die Linie des Hadrianwalls. Daraus kann geschlußfolgert werden, daß die Herstellung der Urportulankarte erst nach dem Jahre 180 erfolgt sein kann.

Mit den Portulankarten hatten die europäischen Kartographen der Renaissance demnach eine exakte Arbeitsgrundlage gefunden. Doch gab es nicht viele Kartographen, die sich die Portulane zunutze machten. PIRI REIS vertraute den Quellenkarten und überlieferte mit seiner Erdkarte von 1513 einmaliges kartographisches Wissen bis in die Gegenwart. Es mag enttäuschen, daß er von den Wissensschätzen in seinen Ausgangskarten keine Ahnung hatte. Im Jahre 1528 zeichnete er eine zweite Erdkarte, von der ein Fragment erhalten geblieben ist (vgl. HERTEL u. KLÜGEL – HERTEL 1988, S. 52 f.), und verließ sich dabei voll auf die Berichte der geographischen Entdecker seiner Zeit. Das Resultat: ein von Fehlern strotzendes Abbild der Erdoberfläche.

Vielleicht wird der eine oder andere Leser an dieser Stelle immer noch die Möglichkeit einer genauen Vermessung in der Antike anzweifeln und damit überhaupt die Erstellung exakter Karten in Frage stellen. Deshalb wollen wir im folgenden Kapitel noch einen Abstecher zu einigen Vermessungsleistungen machen. Sie zeigen, wie mit relativ einfachen technischen Hilfsmitteln, aber mit viel Verstand und Logik die Probleme gemeistert wurden.

Verkehrswege vor Jahrtausenden

In den großen Zivilisationen des Altertums müssen schon Karten angefertigt worden sein. Wie hätte beispielsweise der Handel mit irischen Zinnerzen, die die Bronzehütten des Mittelmeerraumes benötigten, ohne Karten realisiert werden sollen?

Ganz besonders dem Handel dienten auch die berühmten Seidenstraßen, die bis nach Syrien, der damaligen Westgrenze des Römischen Reiches während der Kaiserzeit, reichten. In den Annalen der Westlichen Han-Dynastie (206 v. u. Z. – 8 u. Z.) sind zahlreiche Orts- und Entfernungsangaben zu finden. Im Jahre 30 v. u. Z., so wird berichtet, wurde durch chinesische Beamte eine einheitliche Verwaltung aufgebaut. Damit verbunden wurden topographische Aufnahmen durchgeführt. Von der Nordwestgrenze Chinas zogen die Meßtrupps durch Ostturkestan, überstiegen die hohen Gebirgspässe im Südwesten und folgten im Indusgebiet dem Kabulfluß aufwärts bis zur Hindukuschkette, gelangten in die Ebenen am Oxos und weiter in die Länder am Jaxartes. Von da kehrten sie zurück über den Terek-dawan nach Ostturkestan, von wo aus sie am Südrande des Tienschan entlang zogen. Schließlich folgten sie innerhalb der Dsungarei dem Nordrand dieses Gebirges.

Die Reiseberichte wurden nach einem bestimmten Schema aufgezeichnet. Zuerst wurden die Hauptstädte der Staaten genannt, dann kamen Angaben über ihre Lage und die Entfernung zu benachbarten Orten. Als Entfernungsmaß verwendete man das chinesische „Li" (ca. 400 m). Dann folgten Angaben zu Bevölkerungszahlen, die nach verschiedenen Gesichtspunkten differenziert waren.

Diese Daten wurden nicht nur für Handelszwecke genutzt. Auch das Militär erhielt Auskunft über die Stärke der unterworfenen Stämme, die Verwaltung bekam die erforderlichen Zahlen für das Eintreiben der Steuern, und für die Händler waren die Wegbeschreibungen ganz besonders wichtig. Durch diesen Reiseführer wurde der Verkehr zwischen Ost und West sowie der Austausch von Gedanken und Gütern wesentlich erleichtert.

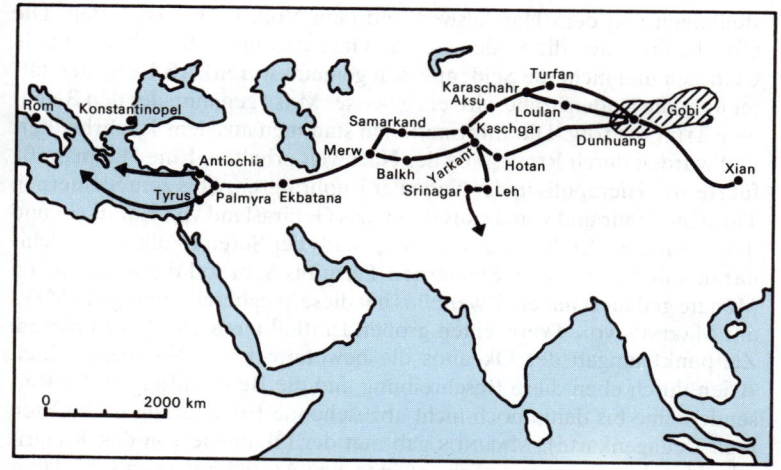

Abbildung 21
Die alten Seidenstraßen von China bis zum Mittelmeerraum. Sie bestanden nachweisbar seit dem 2. Jahrtausend v. u. Z.

Ausgangspunkte der alten Handelsstraßen waren die beiden westlichsten Tore der Großen Mauer. Entlang der Straßen fanden Archäologen schon zu Beginn unseres Jahrhunderts die Reste von Wachtürmen, Stationen und Magazinräumen. Sie alle geben Zeugnis von dem regen Leben, das sich einst in diesem heute menschenleeren Teil der Wüste vollzog. Hier nahmen drei Straßen, die Chinesen nannten sie Nord-, Süd- und Mittelstraße, ihren Ausgang (vgl. Abb. 21). Die Nordstraße ist in vielen Teilen identisch mit dem Karawanenweg, der am Südfuß des Tienschan entlang führt und noch heute benutzt wird. Sie berührt die Orte Turfan (Turpan), Karaschahr (Yanqi), Kutscha (Kuqa), Aksu und Kaschgar (Kashi/Kaxgar). Die Südstraße verläuft in der Nähe des Kwenlungebirges (Kunlun Shan). Die Mittelstraße ist im Osten mit der Südstraße und im Westen mit der Nordstraße identisch. Nur der mittlere Teil weist einen anderen Verlauf auf, nämlich über Loulan bis Karaschahr. Lag das Reiseziel weiter im Westen, also im Reich der Parther und in Syrien, dann wurde der Weg über Fergana und Samarkand eingeschlagen. In Parthien benutzten die Reisenden die altbekannte Straße über Margiana, Hekatompylos, Ekbatana und Arbela. Der Weg verlief weiter über die westliche Euphratgrenze bis zur Mittelmeerküste. Per Schiff ging die Reise nun ihrem Endpunkt, Tyrus entgegen. Diese Stadt war der wichtigste Handelsplatz der syrischen Seidenindustrie.

Interessant für unsere Betrachtungen ist die Frage, was die Griechen von den Seidenstraßen wußten. Zunächst hatten sie sicher nur vage Vorstellungen von dem Handelsweg und dem Volk im fernen Osten. Die Griechen nannten die Seide „ssê" und ihre Erzeuger „Seres", womit die Chinesen und nicht die Seidenraupen gemeint waren! Als Berichterstatter über die Seidenstraße wird ein gewisser MAËS genannt, der den Beinamen TITIANOS trug. Die Informationen stammen aus dem 1. Jahrhundert und wurden durch PTOLEMÄUS der Nachwelt erhalten. Eine Hauptstraße führte von Hierapolis in der Nähe der Euphratgrenze bis zum Steinernen Turm im Pamir und von da aus durch das Gebirgsland von Karategin und das Alaital. Endstation war die Hauptstadt der Seren (Volk in Nordchina), nämlich Sera. Vom Steinernen Turm bis Sera soll die Reise sieben Monate gedauert haben. Zweifellos hat diese Wegbeschreibung des MAËS auf MARINUS VON TYRUS einen großen Einfluß ausgeübt. Bis zu diesem Zeitpunkt umgab der Okeanos die bewohnte Erde. Nunmehr erhielt Asien durch eben diese Beschreibung und die Beobachtungen der Reisenden eine bis dahin noch nicht abzusehende Erweiterung nach Osten (vgl. Beilagenkarte). MARINUS gab nun der Ökumene von den Kanarischen Inseln an bis zum östlichen China eine Ausdehnung von 225°. Über zwei Drittel davon wurden auf der Grundlage der Wegbeschreibung des MAËS berechnet. Wie MARINUS dabei vorging schildert A. HERRMANN (1915, S. 483): „Soweit die einzelnen Routenabschnitte nach Parasangen abgeschätzt waren, hatte der Kartograph diese erst in Stadien umzuwandeln, indem er jede Zahl mit 30 multiplizierte; dann zog er jedesmal einen kleineren Wert, etwa $1/6$ ab, um aus den Weglängen ungefähr die direkten Entfernungen zu gewinnen. Diese neuen Routenabschnitte übertrug er mit ihren Hauptrichtungen nacheinander auf einen Plan, brachte den Plan in das zugehörige Gradnetz, und dieses zeigt ihm endlich, wie groß die gesamte Entfernung in Graden war." Für die Strecke zwischen dem Steinernen Turm und Sera nutzte MARINUS nicht mehr Angaben der einzelnen Routenabschnitte, sondern nur die grobe Angabe der Reisedauer von sieben Monaten. Als Tagesleistung vermutete er 210 Stadien, etwa 33 km und reduzierte den Wert auf 170 Stadien – wegen der Wegkrümmungen! Danach ergaben sieben Monate eine Entfernung von 36 200 Stadien, ungefähr 90°, ein Viertel des Erdumfanges. PTOLEMÄUS halbierte für die Erarbeitung seiner Erdkarte diese überlieferten Koordinatenwerte für die Strecke zwischen dem Steinernen Turm und Sera. „Mit breiter Rhetorik sucht er dieses Reduktionsverfahren zu rechtfertigen; in Wahrheit stellt er ganz haltlose Vermutungen auf, die ihn zuweilen in recht krasse Widersprüche verwickeln" (ebd., S. 485). Heute wissen wir aber, daß MARINUS die Entfernung tatsächlich überschätzt hat. Nach seinen Berechnungen käme man bei der angegebenen Länge bis Japan! Nach der Reduktion durch PTOLEMÄUS endet der Reiseweg zumindest in China. So wird an diesem Beispiel möglich, zu zeigen, wo ganz bestimmte Informationen, die in die Erdkarten einflossen, herkamen.

Die Straßen sind sicher in erster Linie für den Handel gebaut und erhalten worden, doch haben sie auch wesentlich zur Erkundung fremder Gebiete beigetragen. Deshalb ist es wichtig, eine Vorstellung von den alten Straßen zu bekommen, die vor über 2000 Jahren das Land durchzogen.

Die wahrscheinlich erste gepflasterte Straße der Welt verlief schon im 2. Jahrhundert v. u. Z. auf der Insel Kreta zwischen der Residenzstadt Knossos und dem Bergpalast Phaistos im Süden der Insel. Unter dem assyrischen König SANHERIB (704–681 v. u. Z.) entwickelte sich Ninive am linken Ufer des Tigris zur Weltstadt. Hier, an der dreißig Meter breiten Götterprachtstraße, gab es die ersten Schilder mit dem Hinweis „Parkverbot". Auf ihnen wurde den Parksündern angedroht, im Falle der Nichtbeachtung dieses Verbotes vor dem eigenen Haus an einem Galgen aufgeknüpft zu werden.

Während Babylons Blütezeit unter dem König NEBUKADNEZAR II. (604–562 v. u. Z.) gab es viele große und befestigte Straßen. Die rekonstruierte Prozessionsstraße am Ischtartor, deren Seitenwände mit herrlich glasierten Ziegel geschmückt waren, befindet sich heute im Vorderasiatischen Museum zu Berlin. Die wichtigste Straße Babylons war die „Straße, die keines Feindes Fuß betreten möge". Sie war aus Kalksteinplatten gefertigt, welche auf einem Unterbau aus flachen Ziegelsteinen in einem Mörtelgemisch von Kalk, Sand und Asphalt lagen. ALEXANDER der GROSSE fand bei seinem Feldzug in Indien (327–325 v. u. Z.) wahrhaft phantastische Straßen vor. Sie waren mit einer Schicht glasierter Ziegel ausgelegt, und bei starken Steigungen hatte man flache, langgezogene Stufen eingearbeitet. Bäume aller Art, die gelbe Früchte trugen, säumten nach den Berichten der Soldaten diese Straßen.

Uns interessieren verständlicherweise mehr die Überlandstraßen. Auf ihnen wurde der Verkehr von Land zu Land abgewickelt, und die Landvermesser nutzten sie, um Entfernungen zu bestimmen und Wegebeschreibungen anzufertigen.

Ägypten hatte fünf große Straßen. Sie führten nach Libyen, Palästina, Nubien, durch die Halbinsel Sinai und eine zum Roten Meer. Die Perser, die viele Länder erobert und lange besetzt hatten, wußten um den Vorteil der Straßen bei militärischen Aktionen. Unter DARIUS I. (521–485 v. u. Z.) bauten die Perser die ersten Straßen, eine existiert heute noch. Besonders bedeutsam war die 2700 km lange Königsstraße von Susa nach Sardes. Karawanen bewältigten sie in drei Monaten; Kuriere, die ihre Pferde an den über 100 Stationen wechselten und selbst ständig abgelöst wurden, benötigten für die Strecke, wenn man den alten Berichten vertrauen darf, sieben Tage. Geht man davon aus, daß die Kuriere Tag und Nacht ohne Pause geritten waren und dabei 16 km pro Stunde zurücklegten, so scheint die Angabe gar nicht so utopisch zu sein. Bereits in der ersten Hälfte des ersten Jahrtausends v. u. Z. hatten die Reisenden Wegebeschreibungen auf Papyrus im Gepäck, die Auskunft über die Abstände der einzelnen Stationen voneinander gaben.

Die Griechen legten nicht so viel Wert auf ihre Straßen wie die Perser. Die Überlandstraßen besaßen meist nur ein eingefahrenes Spurenpaar, manchmal verlief die Straße einfach in einem Flußbett und war bei Regen nicht passierbar. Außerdem gab es in Griechenland an den Überlandstraßen keine Raststationen. Der Komödienschreiber ARISTOPHANES bemerkte dazu (zitiert nach ZAHN 1979, S. 236): „Straßen ohne Wirtschaften sind nicht besser als ein Leben ohne Feiertage!"

Zu den Meistern des Straßenbaus wurden jedoch die Römer. Als im Jahr 450 v. u. Z. in der Republik Rom zehn Männer beauftragt wurden, das Grundgesetz zu formulieren, das in die Geschichte als Zwölftafelgesetz eingegangen ist, wurden auch Verfügungen über Bau, Unterhalt und Verwaltung von Straßen getroffen. Als maximale Breite wurden in diesem Gesetz 4,80 m angegeben. Das war nötig, damit schwere und weit ausladende Wagen aneinander vorbeifahren konnten. In genau dieser Breite wurde im Jahre 312 v. u. Z. die erste gepflasterte römische Fernverkehrsstraße fertiggestellt. Sie führte von Rom in fast geradem Verlauf nach Capua. Bekannt wurde sie als die Appische Straße – Via Appia. Der Baumeister war APPIUS CLAUDIUS CAECUS, ein Mann mit vielen technischen Ideen und zahlreichen Tätigkeitsgebieten. Er war Zensor, Konsul, Prätor, Senator, Redner, Schriftsteller und Dichter. Noch im 6. Jahrhundert staunte der byzantinische Geschichtsschreiber PROKOP: „Der Konsul Appius ließ die Steine polieren und auf genaue Winkel zuschneiden; sie waren ohne Zement zusammengesetzt und saßen doch so fugenlos, daß man nicht den Eindruck hatte, sie seien aneinandergereiht, sondern bildeten ein einheitliches Steinmosaik" (ebd., S. 237). Dieser Geschichtsschreiber bemerkte ferner (Straßenbauer aller Zeiten aufgemerkt!), daß trotz des Verkehrs vieler Jahrhunderte auf dieser Straße nicht einmal der Glanz der Politur verloren sei und daß der zum Ablauf des Wassers höher gelegene und gewölbte Fahrdamm nirgends Fugen oder schadhafte Stellen, sondern noch überall ein festes Gefüge habe. Könnten wir doch einen römischen Straßenbauer als Lehrausbilder gewinnen! Teilweise wurde dieses Pflaster durch Archäologen freigelegt. Die Basaltpolygone der Via Appia sehen teilweise noch heute so intakt aus wie vor 2000 Jahren. Die Länge dieser Straße betrug von Rom bis Capua zunächst 195 Kilometer. Sie wurde später über Beneventum, Tarentum bis Brundisium weitergeführt und erreichte im Jahre 264 eine stolze Länge von 540 Kilometern.

In seiner berühmt gewordenen Lobrede auf Rom erwähnte der griechische Rhetor ARISTIDES AELIUS (um das Jahr 190 gestorben) den Vorteil guter Straßen: „. . . Jetzt können Hellenen und Barbaren außerhalb ihres Landes überallhin wandern und ihr Eigentum mit sich führen, als wenn sie aus einer Heimat in die andere gingen. . . Das Homerische ‚die Erd' ist allen gemeinsam' habt ihr zur Wirklichkeit gemacht. Ihr habt die Erde vermessen, die Ströme habt ihr überbrückt, Fahrwege in die Berge gehauen . . . die Völker der Welt untereinander gleichsam zu einer Familie gemacht" (ebd., S. 237). So „familiär" werden das die unterdrückten Völker in den Provinzen zwar nicht gesehen haben, dennoch war aber solch ein Verkehrsnetz ein großer Fortschritt.

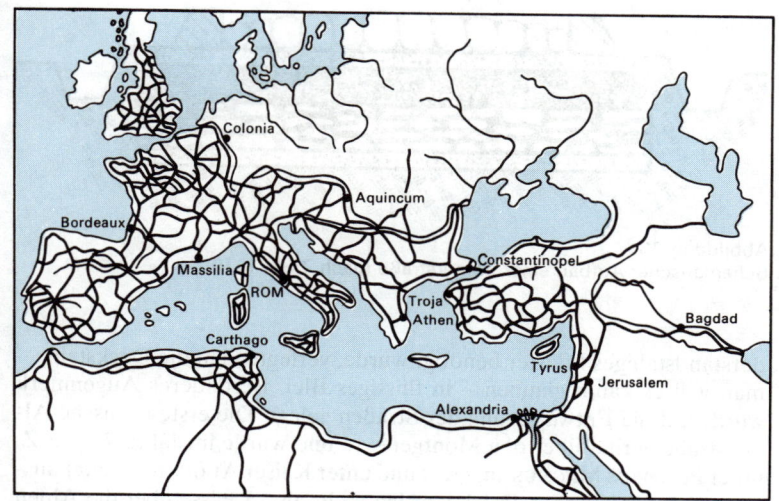

Abbildung 22
Das Straßennetz der Römer im 1. Jahrhundert u. Z. (nach ZAHN 1979)

Die römischen Straßen reichten vom Hadrianswall bis an die Mündung von Euphrat und Tigris, von Spanien bis ans Kaspische Meer und von den undurchdringlichen Wäldern Germaniens bis nach Afrika (vgl. Abb. 22). Es waren insgesamt 372 Straßen, 19 davon führten direkt nach Rom – die sprichwörtlichen vielen Wege -- und trafen sich am umbilicus Romae, einer hohen Säule aus vergoldeter Bronze. Als Kaiser AUGUSTUS im Jahre 20 v. u. Z. noch Kommissar für die Landstraßen Roms war, ließ er diese Säule aufstellen und die Entfernungen zu den Provinzhauptstädten eingravieren. Im Jahre 123 v. u. Z. wurden in Rom die Meilensteine, milliaria, eingeführt. Sie hatten gewaltige Ausmaße: eine Höhe von 2,4 m, einen Durchmesser von 50 cm und eine Masse von rund zwei Tonnen. Jeweils nach einer römischen Meile (1480 m) wurde solch ein Stein mit Entfernungsangaben als Wegweiser für das Militär, Kuriere und Postwagen aufgestellt.

Die römischen Straßen waren frostsicher, und ihr Aufbau kann heute noch Maßstab sein (vgl. Abb. 23). Es ist eine einfache Überlegung: Je solider man eine neue Straße baut, um so länger hält sie, und um so geringer ist der Wartungsaufwand. Die römischen Straßen bestanden aus fünf bis sieben Schichten. In das ausgehobene Straßenbett schüttete man eine Schicht Sand oder Mörtel, darauf kamen flache, rechteckige Steine in Zement verlegt. Darauf folgte eine Schotterschicht in Mörtel oder Zement, bedeckt von festgewalztem Sandbeton. Die eigentliche Fahrstraße bestand aus mehreckig harten und behauenen Steinen. Wo besonders wi-

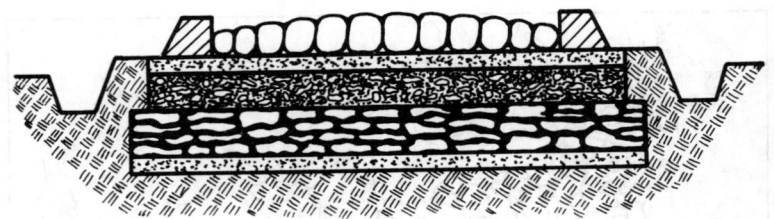

Abbildung 23
Schematischer Aufbau einer Römerstraße (nach ZAHN 1979)

derstandsfähiges Pflaster benötigt wurde, verlegte man die Decksteine – man will es kaum glauben – in flüssiges Blei. Besonderes Augenmerk wurde auf die Entwässerung der Straßen gelegt. Die erste römische Alpenstraße verlief über den Montgenévre und wurde im Jahre 77 v. u. Z. unter POMPEIUS MAGNUS angelegt und unter Kaiser AUGUSTUS weiter ausgebaut. Im Römischen Reich wurden mehr als 15 Pässe über die Alpen für den Straßenbau genutzt, darunter der Simplon-, Julier-, Katschberg-, Brenner-, Hohentauern- und Malojapaß. Die Kelten waren bereits über den Brenner gezogen, und über die Hohentauern führte eine frühgeschichtliche Salz- und Eisenstraße. Die Alpenstraßen aus römischer Zeit waren nur zwischen 1,5 und 3,5 m breit und teilweise ungeheuer steil. Scheinbar mühelos bezwangen römische Ingenieure die natürlichen Hindernisse, Steinbrücken über Flüsse, Dämme durch Sümpfe, gewaltige Einschnitte oder Tunnel im Bergland. Die Grundlagen für eine weiträumige verkehrsinfrastrukturelle Erschließung großer Teile Europas waren damit also vorhanden.

Astronomie und Geodäsie in alter Zeit

Obwohl im Text schon angesprochen, sollen in diesem vorletzten Kapitel noch einige bedeutende Vermessungsleistungen aus alter Zeit vorgestellt und diskutiert werden. Wir kommen damit wieder zu den Anfängen der Kartenherstellung zurück, und der Kreis schließt sich.

Die frühesten Vermessungsleistungen hingen sicher mit der Nutzung des gestirnten Himmels zusammen. So deutet die uralte Steinsetzung von Mid Clyth in Nordschottland darauf hin, daß hier die Auf- und Untergänge des Sterns Capella (hellster Stern im Sternbild Fuhrmann) über 440 Jahre lang bestimmt und jährlich mit einem neuen Stein markiert wurden. Das geschah von 2200 bis 1760 v. u. Z.! Ähnliche Meßergebnisse kann man der großen Ringanlage von Stonehenge in Südengland entnehmen. Auch sie wurde um 2200 v. u. Z. errichtet und diente der Himmelsbeobachtung. Die heute noch auffindbaren Visierlinien stimmen mit der Stellung der Sterne am Himmel vor 4000 Jahren überein!

Die bedeutendsten Zeugnisse aus der Kultur der Megalithiker sind Steinkreise und Steinlinien zur astronomischen Beobachtung, letztere wurden auch in der Umgebung von Carnac gefunden. Neben der Anlage von Stonehenge gehören auch die Boitiner Steinkreise dazu. Diese uralten Steinsetzungen zeugen nicht bloß von den astronomischen Kenntnissen der damaligen Menschen, sondern sie beweisen uns, wie man zu diesen Erkenntnissen gelangte und welche Fähigkeiten man zur Vermessung und Realisierung besaß. Da der Autor seit vielen Jahren gemeinsam mit A. MÜLLER an der Anlage von Boitin eigene Untersuchungen durchführt, sollen diese Kreise als Beispiel kurz beschrieben werden.

Kreisförmige Steinsetzungen haben sich an vielen Orten erhalten. In der DDR gibt es eine aus alter Zeit relativ unbeschadet erhalten gebliebene Anlage (vgl. Abb. 24). Sie befindet sich inmitten eines Buchenwaldes nahe dem kleinen Ort Boitin (Bezirk Schwerin, Kreis Bützow).

Drei Kreise, deren Mittelpunkt die Ecken eines gleichschenkligen Dreiecks darstellen, sind so angeordnet, daß eine große Visierlinie vom Mittelpunkt des ersten über den dritten zu einem vierten, 174 m entfernt

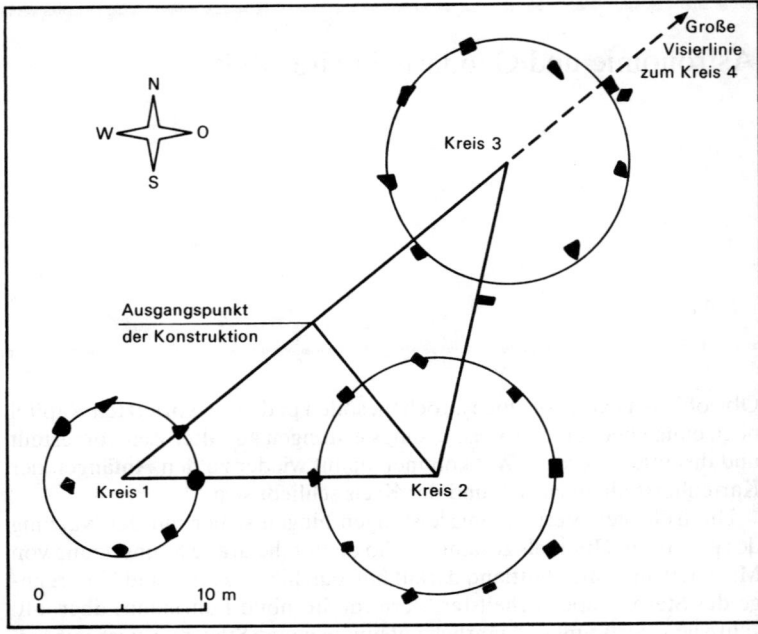

Abbildung 24
Plan des großen Steintanzes von Boitin

liegenden und heute vom Mittelpunkt des ersten Kreises aus leider nicht mehr sichtbaren weiteren Kreis führt. Das Gelände zwischen dem „Großen und dem Kleinen Steintanz" (vgl. Foto 4) ist völlig überwachsen. Die neuzeitliche Kunde von diesen Kreisen liegt Jahrhunderte zurück und wurde als Sage überliefert. Sie spielt in der Zeit des Dreißigjährigen Krieges. Eine Hochzeitsgesellschaft aus dem nahen Dorf Dreetz hatte etwas zu reichlich Alkohol getrunken und begann mit Broten und Käse zu kegeln. Plötzlich erschien Gott in Gestalt eines alten Mannes und forderte die sündig gewordene Schar auf, ihr Treiben zu beenden. In der Nähe des Geschehens befand sich noch ein Schäfer mit seiner Herde und einem Hund. Er bekam von Gott den Auftrag, sich keinesfalls umzusehen. Da sich niemand der Alkoholisierten um die Mahnung des alten Herrn kümmerte, verwandelte Gott die gerade in drei Kreisen tanzende Hochzeitsgesellschaft in Steine. Der große Stein im Kreis II mit den 13 Löchern war einst der Schmuck der Braut, die Brautlade (vgl. Foto 5). Den Schäfer traf es auch. Er umging die Weisung Gottes, indem er durch die Beine rückwärts schaute, ohne sich umzusehen. Da Gott keine Kompromisse kennt, wurden er, seine Schafe und der Hund ebenfalls zu Stein. Die „Schafe" bilden heute den Steinkreis IV. Die Steine des „Schäfers" und des „Hundes" sollen sich weit außerhalb der Gesamtanlage befinden, die Suche danach war bis jetzt leider vergeblich. Natürlich sagt diese Legende nichts aus über den wirklichen Ursprung der Steine. Sie verrät nur, daß sich Menschen schon vor Jahrhunderten Gedanken über die Herkunft der Anlage machten. Der in der Geschichte der Astronomie bewanderte Leser errät sicherlich, um was es sich hier handelt. Die beiden Steine „Hund" und „Schäfer" waren sogenannte Außenvisuren einer Anlage zur Himmelsbeobachtung. Bereits im Jahre 1928 stellte W. TIMM die These auf, daß wir es hier mit einer uralten Sternwarte zu tun haben. TIMM publizierte dazu einen Vermessungsplan, der vom Amt Bützow erstellt wurde. Dieser Plan umfaßte nur den „Großen Steintanz", und die einzelnen Kreise wurden getrennt mit einem Handtheodoliten vermessen. TIMMS Auffassung nach haben wir es in Boitin mit einer Kalenderanlage zu tun. „Ein Stein des Kreises III ist in der Mitte gespalten [vgl. Foto 6], beide Hälften stehen nahe zusammen und doch weit genug auseinander, um vom Mittelpunkt des Kreises I über die Mitte von III hinwegzusehen zur Mitte des Kreises IV. Diese gedachte Linie bildet mit der Nordrichtung den genauen Winkel von 133°11' 29". Der Sonnenaufgangspunkt zur Wintersonnenwende ist hier festgelegt. Die 28 Tage des Monats zählt man im ‚Großen Steintanz', dessen drei Kreise zusammen 28 Steine faßten. Die 13 Monate = Mondumläufe des Jahres wurden an den 13 Steinen des ‚Kleinen Steintanzes' vermerkt. 13 × 28 ergeben aber erst 364 Tage. Darum zählte man an dem einzelnen Stein zwischen den Kreisen I und II noch einen Tag – wohl den Neujahrstag zum Fest der Wintersonnenwende – besonders hinzu, und das Sonnenjahr war mit 365 Tagen voll" (zitiert nach HERTEL 1988, S. 266).

TIMM schlußfolgert dann auf Grund der Ekliptikveränderungen auf den Entstehungszeitraum der Anlage und kam zu dem beachtlichen Alter von 3 100 Jahren, das die Archäologen allerdings bezweifeln, obwohl außer einer kurzen Grabung (1 Tag!) durch das Museum in Schwerin unter Prof. BELTZ im Jahre 1930 keine weiteren archäologischen Untersuchungen durchgeführt worden sind. Im Jahre 1979 hat der Autor erstmals eine Gesamtvermessung der Steinkreise, einschließlich des abseits liegenden Kreises IV, durchgeführt und die Ergebnisse in einer Dokumentation zusammengestellt. Wie die Auswertung zeigt, handelt es sich bei allen vier Steinsetzungen eindeutig um Kreise. Die Steine, welche scheinbar vom Kreisumfang abweichen, sind entweder durch Naturkräfte (Eis, Wasser) abgesprengt (Visierstein) oder durch die starken Baumwurzeln der Buchen verschoben worden. Wichtigstes Untersuchungsergebnis war jedoch die Tatsache, daß hier große Granitbrocken aus weitem Umkreis zusammengetragen und nach einem mathematisch-astronomischen Plan und vorheriger Vermessung aufgestellt wurden. An der zugrundeliegenden Geometrie ist nicht mehr zu zweifeln. Die Deutung von BELTZ, daß es sich hier nur um eine Begräbnisstätte der frühen Eisenzeit handele, ist damit ad absurdum geführt.

In einer umfassenden Auswertung der mathematischen Daten stellen BAUMANN und SEURIG (1986) die Steinkreise in eine Reihe mit zahlreichen anderen Denkmälern der Welt, die ebenfalls Rechenmethoden vergangener Zeiten dokumentieren. Auf Grundlage der Vermessungen des Autors wurde von ihnen untersucht, ob die Steinkreise das Resultat geplanter Konstruktionen darstellen und ob sie Beziehungen zu astronomisch-kosmologischen Zusammenhängen erkennen lassen. BAUMANN und SEURIG fanden ein „Netzwerk von Daten, deren Kreuz- und Querverbindungen vermutlich ihrer gegenseitigen Absicherung und Stützung dienen sollten" (ebd., S. 272). So haben die Kreise II und III den gleichen Durchmesser von 14,4 m, die Mittelpunkte der Kreise I und II sowie II und III liegen je 19,2 m auseinander, und die längste Seite des Konstruktionsdreiecks (zwischen Mittelpunkt Kreis I und Kreis III) beträgt 30,0 m. Die Zahlen bestätigen die sinnvolle und geplante Konstruktion der Anlage von Boitin. Der Mensch der Neusteinzeit war Ackerbauer und benötigte Kalenderdaten für die Landwirtschaft, aber sicher auch für die Festlegung der Feiertage. Dies war im einfachsten Fall durch die Beobachtung der Horizontorte des Sonnenaufganges realisierbar. Waren es in der Anfangsphase der Erkundung der Vorgänge am Himmel vielleicht nur in den Boden gesteckte Holzstangen, dann dauerhaftere Steine, so entwickelte sich später unter der Verwendung von ganzen Steinkreisen ein kompliziertes und geniales „Beobachtungsinstrument". So ergeben sich beim Aufstellen von nur neun Steinen auf dem Umfang eines Kreises maximal 72 Beobachtungslinien. Auf Grund des geringen Durchmessers der Kreise in Boitin war der Beobachtungsfehler jedoch relativ hoch. Das Ergebnis wird wesentlich genauer, wenn sogenannte Außenvisuren (hier die Steine „Schäfer" und „Hund") aufgestellt werden. Das können einfache Steine, Steinkreuze, markante Bergkuppen oder Felsen sein, die möglichst weit vom Beobachterstandort entfernt liegen, aber sichtbar sind. Für Boitin wäre eine Auffindung einer oder mehrerer solcher Visuren ein Beweis für die astronomische Nutzung des Boitiner Steintanzes. Für diese geplanten Untersuchungen errechnete H. BOCK mit Hilfe eines eigens dafür entwickelten Computerprogramms die möglichen Visierlinien der Anlage von Boitin für vier verschiedene Höhenwinkel und für einen Zeitraum von 4000 vor bis 1000 unserer Zeitrechnung. Es handelt sich dabei um vier Mond- und neun Sonnenauf- bzw. untergänge. Die Schwierigkeit bei der Arbeit im Gelände besteht vor allem darin, zunächst auf möglichst großmaßstäbigen Karten die ohne Bewuchs sichtbaren Horizonte zu finden und dann vor Ort auf diesen Linien die möglicherweise existierenden Außenvisuren zu suchen, die wahrscheinlich unter dichter Vegetation verborgen sind.

Es gilt schon heute als wissenschaftlich bewiesen, daß sich unsere Vorfahren sehr intensiv mit astronomischen Problemen beschäftigten und dazu auch Instrumente benutzten, um die Daten exakt zu bestimmen, die sie für die Bewältigung ihrer täglichen Aufgaben benötigten.

Ein besonders markantes Beispiel antiker Vermessungskunst fanden deutsche und griechische Wissenschaftler auf der Insel Samos. Hier wurde einst ein über 1000 m langer Tunnel gebaut. Ohne Karte wäre dieses Projekt nicht zu realisieren gewesen.

Von dem Herrscher, in dessen Regierungszeit dieses Meisterwerk entstand, haben wir durch FRIEDRICH SCHILLER schon in der Schule gehört: „Er stand auf seines Daches Zinnen. Er schaute mit vergnügten Sinnen auf das beherrschte Samos hin. Dies alles ist mir untertänig, begann er zu Ägyptens König, gestehe, daß ich glücklich bin. . ." (SCHILLER 1984, S. 5). Der stolze Herrscher hieß POLYKRATES (gekreuzigt 522 v. u. Z.) und wurde unter Ausnutzung der Unzufriedenheit des Volkes mit dem Adel im Jahre 538 zum Tyrannen von Samos. SCHILLER verwandte als Quelle für seine Ballade „Ring des Polykrates" sicher den Bericht des HERODOT, aus dem die auf den Tunnel bezugnehmende Stelle folgendermaßen lautet: „Ich habe von den Samiern etwas ausführlicher gehandelt, weil sie drei Werke geschaffen, die in ganz Griechenland nicht ihresgleichen finden. Durch einen gegen hundertfünfzig Klafter hohen Berg haben sie unten einen Stollen gebrochen, der an beiden Seiten offen ist. Er ist sieben Stadien lang, acht Fuß hoch und ebenso breit. Darin ist dann der ganzen Länge nach noch ein zwanzig Ellen tiefer, drei Fuß breiter Kanal angelegt, durch den das Wasser aus einer mächtigen Quelle in Röhren nach der Stadt geleitet wird. Der Erbauer dieses Stollens war Eupalinos, der Sohn des Naustrophos aus Megara" (HERODOT 1956, III, 60 f.).

Die Insel Samos, vor der Westküste Kleinasiens gelegen, besitzt aufgrund ihrer zentralen geographischen Lage eine günstige Voraussetzung für den Handel im Ägäischen Meer. Die Besiedlung konzentrierte sich auf den östlichen Teil der Insel. Hier entstand rings um das Hafenbecken die gleichnamige Hauptstadt. Ihre Blütezeit lag in der zweiten Hälfte des 6. Jahrhunderts v. u. Z. Das Problem bestand nun darin, daß sich zwischen der Stadt und der einzigen ausreichenden Trinkwasserquelle der sogenannte Stadtmauerberg befindet. Durch HERODOTS Erwähnung war der Tunnel zwar bekannt, seine genaue Lage konnte man aber aufgrund der verschütteten Eingänge nicht mehr feststellen. Erst im Jahre 1853 wurde er von GUERIN wiederentdeckt und von FABRICIUS näher untersucht. Heutige Techniker haben sich zunächst überhaupt nicht erklären können, mit welchen technischen Hilfsmitteln die Vermessung des Tunnels möglich war. Umfangreiche Grabungen in den letzten Jahren durch das Deutsche Archäologische Institut in Athen (H. K. KIENAST) führten zur Klärung dieser Frage (vgl. Foto 7).

Zunächst hatten die Samier von dem Quellhaus über eine Entfernung von 840 m und entlang der Höhenlinie einen Kunstgraben bis zum Stadtmauerberg geführt. Ein Hügel, der im Weg war, mußte auf einer Länge von 150 m untertunnelt werden. Im Abstand von 30 bis 50 m wurden Abstiegsschächte, die beim Bau zur Entfernung des Abraumes dienten, angelegt. Das war sicher die „Hauptprobe" für das Kommende: Es galt nun-

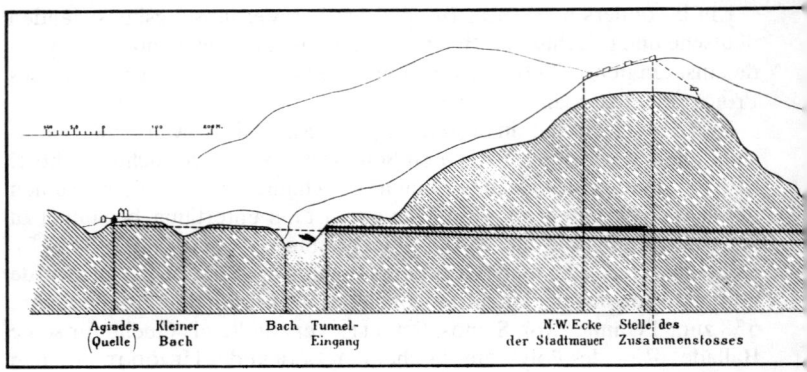

Agiades (Quelle)   Kleiner Bach   Bach   Tunnel-Eingang   N.W. Ecke der Stadtmauer   Stelle des Zusammenstosses

mehr, den Berg auf einer Länge von 1040 m zu durchtunneln – ein für diese Zeit aus heutiger Sicht unrealisierbares Vorhaben. Die Untersuchungen ergaben, daß man zunächst die Höhe des Eintrittsstollens um den Berg herum vermessen hatte und dazu über den Berg eine Fluchtlinie festgelegt hatte. In dieser Linie, die sich nun genau über dem zukünftigen Tunnelverlauf, also zwischen Ein- und Ausgang befand, wurden je ein vor dem Ein- bzw. Ausgang liegender Punkt eingemessen und markiert. Wir wissen weiter, daß der Berg, der aus Kalkstein besteht, im Gegenortbetrieb, also von beiden Seiten gleichzeitig, durchbrochen wurde. Hammer und Meißel dienten als Werkzeuge. Für den Baumeister EUPALINOS war das sicher nicht eine Arbeitsaufgabe schlechthin, es ist anzunehmen, daß er stark unter Erfolgszwang litt und daß vielleicht sogar sein Leben von der Bewältigung dieser Aufgabe abhing. Wäre der Tunnelbau, er dauerte immerhin etwa zwölf Jahre, schiefgegangen, POLYKRATES hätte den Projektanten sicher nicht auf eine andere Baustelle strafversetzt!

Die beiden Hauermannschaften waren verpflichtet, sich in gewissen Abständen umzudrehen, um zu kontrollieren, ob die Sichtverbindung zu der vor dem Mundloch befindlichen Markierung noch bestand. Nachts hat man sicher ein helles Feuer angezündet, um die Mannschaften rund um die Uhr arbeiten zu lassen. Solange die Bergleute den Visierpunkt sahen, verlief der Stollen genau entlang der über den Berg eingemessenen Linie. Wurden diese Kontrollpeilungen nicht ordnungsgemäß durchgeführt, wich der Stollen von der geplanten Lage ab. Nacharbeiten waren nötig, um den freien Durchblick nach rückwärts wieder zu gewährleisten. Die Stellen, an denen vor 2500 Jahren unkorrekt gearbeitet wurde, lassen sich noch heute im Tunnel nachweisen. Als sich die Bergleute von beiden Seiten immer mehr näherten, ließ EUPALINOS noch auf jeder Seite einen Suchkreis anlegen. Das wäre nicht nötig gewesen! Die beiden Tunnelhälften mündeten nach dem Durchstich fast genau ineinander. Der Treff-

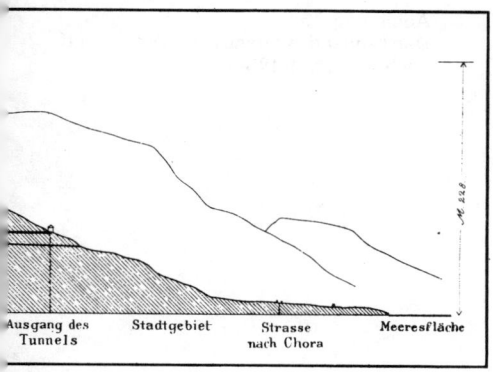

Abbildung 25
Längsschnitt durch den Tunnel
des EUPALINOS
(Maßstab 1 : 10 000, Höhen
verdoppelt)
nach FABRICIUS (1884)

punkt liegt wegen der unterschiedlichen Gesteinshärte 620 m vom Nordeingang entfernt. Die nun vorhandene Tunnelröhre besaß noch kein Gefälle, um das Wasser in die Stadt zu leiten. In die Tunnelröhre wurde nunmehr ein zweiter, bis zu 8 m tiefer Graben gehauen. Auf seinem Boden verlegte man Tonröhren und deckte danach diesen Graben mit Steinplatten zu (vgl. Abb. 25). Wären Fremde in den Tunnel eingedrungen, hätten sie zunächst nicht feststellen können, daß dies ein Wasserkanal ist. Nach jahrhundertelanger Nutzung kam es zur Versottung der Tonröhren durch Kalkablagerungen. Man schnitt die Rohre einfach oben auf, und die Wasserversorgung war wieder intakt. Diese Anlage wurde erst in byzantinischer Zeit aufgegeben, war also über 1000 (!) Jahre in Betrieb. Heutige Eisenrohrleitungen müssen hingegen oft schon nach 25 Jahren ausgewechselt werden.

Die für uns vielleicht verblüffendste Feststellung: EUPALINOS nutzte vor rund 2500 Jahren zahlreiche technische Verfahren und Vorrichtungen für den Tunnelbau, die wir heute für diese frühe Zeit oft nicht für möglich halten. Der Erfolg seiner Arbeit hing nicht von irgendwelchen Glücksfällen ab. Das Beispiel des Tunnels auf Samos zeigt einmal mehr, wie exakt schon vermessen wurde in einer Zeit, die sehr weit zurückliegt und über die wir kaum etwas wissen.

Weitaus größere Bedeutung für die Erklärung vollkommener Karten aus alter Zeit besitzen die sogenannten archaischen Vermessungen, die heute nachgewiesenermaßen in vielen Ländern der alten Welt ausgeführt wurden. Ein besonderes Verdienst kommt hierbei einer Untersuchung von HERBERT BOCK (1988) zu. In Griechenland waren es die heiligen Dreschtennen, die als Vermessungspunkte dienten und bereits in der „Ilias" erwähnt wurden. In Österreich nutzte man dazu Stein- oder Holzkreuze, die heute noch auf Karten teilweise als rote Kreuze eingezeichnet sind, auf Korsika die Torre, das sind Ringwälle, und auf Sardinien die Nu-

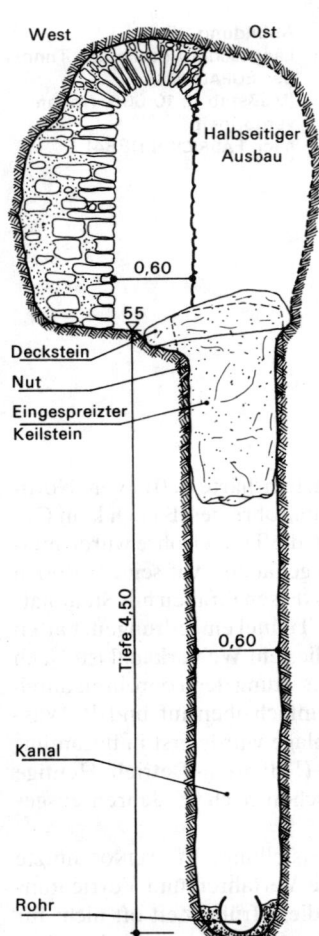

Abbildung 26
Der Tunnel des EUPALINOS (Querschnitt nach FABRICIUS 1884)

raghen, ummauerte Türme, die einst als Fluchtburgen dienten. Ihr Aufbau hat eine verblüffende Ähnlichkeit mit den alten Rundkirchen Bornholms, wo ebenfalls Vermessungslinien entdeckt wurden. Gemeinsam ist all diesen Orten, daß sie einst als heilig galten und immer wieder erneuert und erhalten worden sind. Dies ist teilweise heute noch im Volksbrauchtum Österreichs verankert. So haben sich einige dieser „Kultstätten" jahrtausendelang erhalten können. Heute sind diese Festpunkte oftmals mit Kirchen besetzt, die sich manchmal sogar außerhalb des sprichwörtlichen Dorfes befinden. Genauere Untersuchungen ergaben nunmehr, daß

110

die identifizierten Festpunkte ein Netz harmonischer Dreiecke – also pythagoreische, gleichseitige und gleichschenklige – mit Seitenlängen zwischen drei und zehn Kilometern bilden. Skeptiker wandten ein, daß die Nutzung von drei Festpunkten zur Bildung solcher Dreiecke eine Spekulation sei. Doch besitzen beispielsweise die Tennen in Griechenland, das sind kreisrunde Pflasterungen, in das Pflaster eingearbeitete Richtungsangaben, die die Fortsetzung des Dreieckverlaufs zeigen. In Österreich sprechen folkloristische Hinweise auf die Zusammengehörigkeit bestimmter Dreieckspunkte. So berichten Sagen, daß sich unter den Seiten dieser Dreiecke unterirdische Gänge befinden. Prozessionen werden oft als Drei-Berge-Lauf durchgeführt. Eine Beichtstrafe sieht vor, das Vaterunser in drei Kapellen zu beten, die kaum zufällig wiederum an den Eckpunkten solcher Dreiecke stehen.

Wie könnte die Vermessung in der Praxis durchgeführt worden sein? Um eine Gerade durch das Gelände zu ziehen, braucht man mindestens zwei Personen mit Peil- oder Fluchtstangen. Der Gott des Handels, Reisens und der Kommunikation, HERMES bei den Griechen, MERKUR bei den Römern, trug als besonderes Attribut einen Stab. Symbolisierte er vielleicht sogar eine Fluchtstange? Bei der praktischen Vermessungsarbeit können mit Hilfe von zwei bereits plazierten Stangen weitere eingepeilt werden. Die Vermessungslinie läßt sich beliebig verlängern. Dieses Verfahren funktioniert auch über Höhen hinweg. Die gegenseitige Sichtbarkeit der Endpunkte ist dazu nicht, wie bei modernen optischen Verfahren, erforderlich. Zur Längenmessung kann man handliche Meßlatten verwenden, die auf Stoß aneinander gelegt werden. Die Genauigkeit liegt im Promillebereich, zum Beispiel $\pm$ 83 m bei 44 km Vermessungslänge, das sind $\pm$ 0,19 %. Ist die Festlegung eines Winkels erforderlich, so geht man von der schon vermessenen Basisstrecke aus, die einen Schenkel des Winkels bildet, doch ist die Bestimmung des anderen Schenkels problematisch. Die Fehler liegen bei der Winkelmessung im Prozentbereich. Die Nutzung harmonischer Dreiecke hat dabei viele Vorteile. So können die Vermessungsergebnisse auf einer kleinen Handskizze eingetragen werden. Heute sind gerade die harmonischen Dreiecke beim Auffinden der alten Vermessungslinien eine besondere Hilfe.

Die Durchführung einer Vermessung im Gelände hing damals wie heute von dem Einverständnis der einheimischen Bevölkerung ab. Es sei nur auf moderne Vermessungen in Südamerika verwiesen, wo die Meßtrupps reihenweise den Giftpfeilen der Indios zum Opfer fielen. Vielleicht verwendete man einen besonderen Trick. Beispielsweise konnte man vorgeben, den Eingeborenen die Lage der heiligen Orte zeigen zu wollen. Damit war gleichzeitig erreicht, daß die Markierungen unter einem religiösen Tabu standen und die Vermessung als religiöses Ritual begriffen wurde. Das erübrigte den Vermessungsleuten auch eine weitschweifige Erklärung der technischen Hintergründe. Für den Vermesser aber hatte dies zur Folge, daß er bereits als heilig anerkannte Orte unbedingt in seine

Vermessungen einbeziehen mußte. Dazu war eine umfangreiche Ortskenntnis erforderlich.

Sicher war die Aufnahme detaillierter Gebiete der Erdoberfläche ein wesentlicher Ausgangspunkt für eine Gesamtdarstellung unseres Planeten. Durch Zusammenfassung der Teilkarten und Erprobung der verschiedensten Kartenentwürfe gelang es zunehmend besser, immer größere Teile der Erdoberfläche zu erfassen und zu zeichnen.

Interessant ist noch die Frage, wann die Menschen zum ersten Mal Vermessungen durchgeführt haben und ob es einen Zusammenhang zwischen diesen archaischen Vermessungen und den sogenannten Megalithikern, also den Menschen, die die Riesensteinbauten im Westen Europas errichteten, gibt. Die Mehrzahl der Vermessungen, so H. BOCK (1988), wurden vor 6000 Jahren durchgeführt. Die Anfänge der megalithischen Astronomie liegen wahrscheinlich weit vor dem Jahre 2200 v. u. Z. Es ist sicher mit der Vermessung genauso wie mit anderen Wissenschaftsdisziplinen. Mit dem Voranschreiten der historischen Forschung lassen sich die erkennbaren Anfänge der Einzelwissenschaften immer weiter zurückdatieren.

Frühe Vermessungen gab es nicht nur in Europa, sondern auch, wie folgendes Beispiel zeigt, auf anderen Kontinenten. Ende der zwanziger Jahre unseres Jahrhunderts entdeckten die Piloten der Linienflugzeuge Perus, die zwischen den Orten Nazca und Palpa flogen, eigenartige Figuren im Boden der Pampa von Nazca. Seite an Seite lagen riesenhafte Dreiekke, Trapeze, bis zu 8 km lange Linien und viele Tier- und Pflanzendarstellungen. Seit mehr als 40 Jahren arbeitet die Dresdner Forscherin MARIA REICHE in Peru. Mit drei Ehrendoktorwürden geehrt, hat sie ihr Leben der Erforschung der Scharrbilder von Nazca gewidmet (vgl. Foto 8). Die Bilder stammen aus dem 5. Jahrhundert und wurden auf den Boden der Pampa gezeichnet. Es handelt sich um ein Gebiet von mehr als 80 km², welches unmittelbar neben fruchtbarem Land der Flußaue des Ingenio eine Trockenzone bildet. Es gibt keine Vegetation, keine Tiere, und die großen Sandstürme wehen über die Wüste hinweg. So haben sich die Bilder in ihren Andeutungen erhalten können. Die den Untergrund bildende Schwemmlandschaft ist gipshaltig und gelb gefärbt. Auf ihr befindet sich eine eisenhaltige braune Gesteins- und Geröllschicht. Das Zeichnen der Bilder ist äußerst einfach. Man kehrt mit einem Besen die braungefärbten Steine weg und bekommt eine helle Zeichnung, die sich von der braunen Umgebung gut abhebt. Technisch ist das ein geringer Aufwand. Jeder, der gut zu Fuß ist, kann an einem Tag 20 km Linien „zeichnen". Das Problem war sicher die Vermessung. Alle Tierfiguren bestehen aus einer durchgehenden Linie, die viele hundert Meter lang ist und unzählige Windungen aufweist. Die Bilder sind aber so groß (50 bis 8000 m), daß man sie vom Boden aus nicht deuten kann. Niemand ist in der Lage, solch eine Zeichnung ohne genaue Vermessungsverfahren fertigzustellen. Nimmt man nicht an, daß die Möglichkeit des Fliegens bestanden hat (es könnten Heißluftballons gewesen sein, wie ein Forscher der Gegenwart meint), dann müssen die Künstler von Nazca ein unwahrscheinlich exaktes Vermessungsverfahren genutzt haben. Entstanden ist ein „Bilderbuch für Riesen".

Auch bei diesem Beispiel wissen wir nicht, welche Verfahrensweisen die Menschen im einzelnen anwendeten. Wir wissen aber genau, und daran zweifelt niemand mehr, daß die Bilder ein Werk der einst dort lebenden Menschen sind und im wahrsten Sinne des Wortes die „größte" Hinterlassenschaft unserer Vorfahren darstellen. Ein ungarischer Kartograph bezeichnet die Bilder von Nazca als größte Landkarte der Welt, sie stelle das Gebiet der alten Kulturstätten und den Titicacasee (Peru/Bolivien) im Maßstab von 1:16 dar. Wir brauchen hier sicher nicht weiter in Einzelheiten vorzudringen oder uns für eine Hypothese zu entscheiden. Die Bilder von Nazca sind ein Werk der Menschen und ein faszinierender Beweis für die Leistungsfähigkeit unserer Vorfahren. Für unsere Betrachtungen ist es unerheblich, ob die Linien ein altes Kalendersystem, eine Orientierungshilfe für Ballonfahrer, eine alte Karte oder Signale für die Götter darstellen sollten. Eingemessen und gezeichnet wurden sie von Menschen dieser Erde vor fünfzehn Jahrhunderten, als in Europa das Römische Reich unterging und das Mittelalter anbrach.

Zusammenfassung und Ausblick

Der gemeinsame Ausflug in die frühe Geschichte der Herstellung von
Erdkarten, bei dem zahlreiche Gelehrte der Antike und ihre Leistungen
vorgestellt wurden, neigt sich dem Ende zu. Der Einfluß der antiken Kartographen auf die Entwicklung der späteren Kartographie wurde ver-
deutlicht. Dabei konnten nicht alle Rätsel alter Erdkarten vollständig gelöst werden, was wohl keine Schande ist. Um dieses Ziel eines Tages zu erreichen, müßten geographische Forschungseinrichtungen konkrete Themen, zum Beispiel als Promotionsarbeiten, vergeben. Genaugenommen
befinden wir uns in der gleichen Situation wie der berühmte norwegische
Wissenschaftler und Seefahrer THOR HEYERDAHL. Er hat mit seinen Fahrten über den Atlantik, Pazifik und Indik gezeigt, daß eine Überquerung
der großen Meere schon vor Jahrtausenden mit relativ einfachen Schiffen
oder Flößen möglich gewesen wäre. Damit verbunden ist die Erkenntnis,
daß Parallelentwicklungen auf weit entfernten Kontinenten aufgrund ge-
genseitiger Besuche hätten zustandekommen können. Auch er kommt
zur Feststellung, daß wichtige Ereignisse in der Geschichte der Menschheit sich viel früher abgespielt haben, als wir heute vermuten. Es ist also
die gleiche Situation wie in der Kartographiegeschichte.

Der Autor legt Wert auf die Erkenntnis, daß schon in der Antike ein
umfangreiches Wissen über die Beschaffenheit der Erdoberfläche in zahlreichen Bibliotheken angehäuft wurde, das im Resultat fleißiger und auf-
opferungsvoller Arbeit von Forschungsreisenden, Seefahrern, Geographen und Kartographen entstanden war.

Unter den Rätseln alter Erdkarten versteht man die Eintragungen von
geographischen Gegebenheiten, welche zum Zeitpunkt der Kartenherstellung nach unseren heutigen Erkenntnissen noch nicht bekannt gewesen sein konnten. Daneben gibt es auf manchen Karten geologisch-geo-
graphische Angaben, die der Homo sapiens überhaupt in natura nie gesehen hat, so zum Beispiel die erwähnte Senke zwischen dem Kaspischen
und dem Nordmeer, die beide Meere miteinander verband. Bei einigen
alten Karten sind Projektionsverfahren zur Verebnung der Erdoberfläche

verwandt worden, die nach Meinung einiger Autoren zum damaligen frühen Zeitpunkt noch gar nicht mathematisch hergeleitet werden konnten.

Analysiert man diese Situation, so kann zunächst davon ausgegangen werden, daß man bereits in der Antike die wesentlichen Grundlagen für die Nutzung von Projektionsverfahren und vor allem Anhaltspunkte für die Ausdehnung der Erdoberfläche besaß. Detaillierte Vermessungen kleiner Landflächen fanden schon in Ägypten zur Wahrung der Besitzrechte und für die Besteuerung des Grundes statt. Meßzirkel, Latten oder Seile dienten der Längenmessung, und schon sehr früh wurden einfache Visiergeräte genutzt. Damit konnten Winkel ein- und ausgemessen werden. Die Aufzeichnungen erfolgten auf Papyrus oder Pergament. Im Mittelmeerraum kam es schon lange vor Beginn unserer Zeitrechnung zu großräumigen Vermessungen unter Verwendung von harmonischen Dreiecken. Mit diesen Verfahren ließ sich schon mühelos ein ganzes Land vermessen.

Klugerweise gaben die Vermessungsleute ihre Arbeiten teilweise als religiöse Handlung aus, wodurch ihre Aktivitäten nicht zum Teufelswerk erklärt wurden. Mit den Erkenntnissen über die Größe des Erdumfanges (ERATOSTHENES und POSEIDONIOS) und der akzeptierten Kugelgestalt wurde die Schaffung eines Koordinatensystems mit Längen- und Breitenkreisen möglich. Als nächsten Schritt versuchten die Gelehrten, wenn das auch Jahrhunderte dauerte, die wahre Ausdehnung der Kontinente und Meere zu erfassen. Vielleicht muß hier auch noch einmal die enorme Bedeutung geographischen Wissens für die damalige Zeit unterstrichen werden. Es ging um Importe von Seide, Gewürzen, Salz und vielem anderen. Die Schiffseigner, denen die Seewege bekannt waren, machten das Geschäft. Ihre Kapitäne brachten nicht nur Waren, sondern auch geographische Berichte mit nach Hause. Somit wurden die Häfen über Jahrtausende zu *den* Informationsquellen für die Geographen. Es ist durchaus berechtigt zu sagen, daß bis zum Beginn unserer Zeitrechnung den Geographen die Gestalt und Größe der Erde bekannt waren. Eine weitere, schier unerschöpfliche Quelle bildeten für die Geographen und Kartographen die großen Wissensspeicher der Antike, die die Herrschenden anlegen ließen, um alles Wissen zu sammeln. Die Rätsel auf alten Karten bestehen auch deshalb, weil das ganze Umfeld (Bibliotheken, Aufzeichnungen, Beschreibungen) im Prinzip nicht mehr vorhanden ist und sich nur einige wenige Karten (vor allem Portulane) zufällig erhalten haben. Es gibt für sie keine Quellenkarten mehr und keine Entstehungsgeschichte ist überliefert. So liegen diese wenigen Karten fast ohne jeden historischen Hintergrund heute vor uns und haben viele in ihrer Auffassung bezüglich des damaligen geographischen Erkenntnisstandes verunsichert.

Diese Verunsicherung ist nicht berechtigt! Wir begegnen ihr auf vielen Gebieten. Der Leser möge an die zum Teil riesenhaften Steinbauten in Südamerika, Mittelamerika, Ägypten, Südostasien und anderswo denken. Für die Cheopspyramide bei Kairo sollen über zwei Millionen tonnenschwere Steine verbaut worden sein. Nach den Angaben von HERODOT bauten 100000 Arbeiter zwanzig Jahre daran. Die Statistiker haben ausgerechnet, wieviel Steine pro Arbeiter und Tag hätten versetzt werden müssen, und wir staunen darüber. Wir staunen auch, daß man zwei Steine so genau behauen konnte, daß sie exakt aufeinander liegen und in die Berührungsfläche nicht einmal die Klinge eines Messers paßt. Staunen wir nicht einfach nur darüber, daß man vor einigen Jahrtausenden ordentlich gearbeitet hat? Genau hier ist das Kernproblem der Rätsel alter Karten, ja der Rätsel der Menschheitsgeschichte überhaupt angesiedelt. Wieso eigentlich sollten Steinmetzen in grauer Vorzeit nicht exakt gearbeitet haben, und wieso eigentlich sollten Geographen und Kartographen auch schon im Römischen Reich nicht alle Möglichkeiten genutzt haben, um eine Erdkarte zu gestalten? Es liegt sicher im menschlichen Wesen begründet, daß die gerade lebende Generation sich für besonders wichtig und fortschrittlich hält. Das war auch schon bei unseren Vorfahren so. Wir sollten aber nichtsdestoweniger dazu übergehen, die Leistungen vergangener Generationen zu achten, zu erforschen und vor allem richtig zu bewerten. Hinzu kommt noch die mancherorts anzutreffende Auffassung, daß uns erst der jetzige Stand der Technik (optische Meßgeräte, Luftbilder, Computer) in die Lage versetzt, ordentliche Karten herzustellen. Das trifft nur für ganz spezielle Anforderungen zu. Um eine Karte von der Genauigkeit der PIRI-REIS-Karte anzufertigen, ist keine Aufnahme aus einem Raumschiff erforderlich. Diese Karte ist allein das Ergebnis einer sorgfältigen Arbeit ihres Zeichners, der das in den Quellenkarten gespeicherte Wissen aus früheren Jahrhunderten und von fernen Völkern verwertet hat.

Bereits in der Frühzeit der Geschichte der Menschheit gab es zahlreiche Reisemöglichkeiten und damit verbunden auch geographische Informationen von großen Teilen der bewohnten Welt. Schon vor Jahrtausenden hatten die Geographen genügend Material zur Verfügung. Die Länder des Nahen und des Fernen Ostens waren bereits zur Zeit der Antike durch Kriegszüge und Handelskarawanen in Europa bekannt geworden. Die Dhau-Segler fuhren schon vor dem 1. Jahrtausend v. u. Z. mit ihren einfachen Booten unter Ausnutzung des Monsuns von der Ostküste Afrikas nach Indien und wieder zurück. Im 5. Jahrhundert v. u. Z. wurde Afrika das erste Mal, soweit heute bekannt ist, umrundet.

Der Skeptiker mag jetzt einwenden, gut, Afrika und Asien konnten von den Völkern des Mittelmeerraumes erreicht werden. Was aber ist mit Nord- und Südamerika, mit Australien oder gar mit der Antarktis? Diese Frage wird von einigen Autoren mit phantastischen Hypothesen beantwortet. Andere, wie W. KRÄMER, vertreten eine eurozentristische Entdeckungsgeschichte, die Jahrtausende zu spät beginnt. „Welch kurze Zeit vergangen ist, seitdem die Menschen ein einigermaßen der Wirklichkeit entsprechendes Bild von der Erdoberfläche, von der Verteilung von Wasser und Land, von der Ausdehnung, Größe und Gestalt der Kontinente und von den Völkern in den verschiedenen Ländern der Erde besitzen, ist uns heute, da die ersten Schritte zur Eroberung des Weltalls getan sind, kaum noch bewußt. Dabei sind noch nicht einmal fünf Jahrhunderte vergangen, seit Amerika, jener große, sich vom arktischen Norden bis in die Subantarktis erstreckende Doppelkontinent zwischen dem Atlantischen und dem Stillen Ozean, von Europa aus entdeckt worden ist" (KRÄMER 1967, S. 11). Was muß sich der Leser dieser Zeilen für ein Bild von den Fähigkeiten und dem Entdeckerdrang der Menschen machen, die vor Jahrtausenden lebten? Zwischen der Entdeckung der Erde und der Eroberung des Kosmos liegt nicht eine kurze, sondern eine sehr lange Zeit!

Die kühnen Fahrten des Norwegers THOR HEYERDAHL haben uns gezeigt, daß die großen Ozeane nie Barrieren bei der Erforschung unserer Erde waren. Ganz im Gegenteil: Die Meeresströmungen haben die Menschen auf einfachen Booten und Flößen sicher und schnell über die Ozeane getragen. Es gibt viele, teilweise entgegengesetzt verlaufende Strömungen. Sie waren den Seefahrern schon seit ewigen Zeiten bekannt. Lange vor KOLUMBUS kamen die Wikinger nach Nordamerika, und lange vor den Wikingern hatte schon der irische Mönch BRANDAN mit seinem Lederboot diesen Kontinent erreicht. Das war im 6. Jahrhundert. Diese Fahrten werden von KRÄMER zwar erwähnt, aber als unwesentlich abgetan. Sicher, für die nachfolgenden wirtschaftlichen und politischen Veränderungen in den alten Staaten Mittel- und Südamerikas war die Reise des KOLUMBUS gravierender.

Geographische Entdeckungsreisen wurden jedoch schon vorher durchgeführt, ohne dabei Völker zu morden und Wirtschaften zu zerstören. Über diese freiwilligen oder unfreiwilligen Reisen berichtet kaum jemand, doch wissen wir, daß es sie gegeben haben muß. Aus jüngerer Zeit sind Zahlen über Schiffsverschlagungen bekannt. Von 1782 bis 1863 kamen, soweit gemeldet, 41 japanische Schiffe mit oft noch lebenden Insassen an der Pazifikküste Amerikas an. Allein von 1850 bis 1863 waren es 28 Schiffe! Ähnliches muß sich schon in der Frühzeit der Seefahrt abgespielt haben – daran ist ebenfalls nicht zu zweifeln. Kehrten die Besatzungen in ihre Heimat zurück, so erzählten sie dort von ihrer Reise. Die Informationen wurden von Interessenten gesammelt, und es entstanden sicherlich auch Karten. So müssen sich im Laufe der Zeit eine Unmenge von geographischen Fakten auch in Europa angesammelt haben. Hinzu kommt noch, daß die jeweiligen Völker auch ohne die Europäer ihre Gebiete schon frühzeitig geographisch erschlossen hatten. So wissen wir aus dem Reich der Inka, zu welchen Leistungen auch die Völker Amerikas fähig waren. Während seiner größten Ausdehnung gehörten die Länder Ekuador, Bolivien und Nordchile zum Reich der Inka. Bei einer Nord-Süd-Ausdehnung von 3500 km und einer Ost-West-Ausdehnung von 320 km war es von Kurierstraßen durchzogen und wurde straff und zentral regiert. Das ganze Reich wurde von dem Spanier PIZARRO im Jahre 1532 zerschlagen, die Kultur zerstört und die bisherigen Lebensgrundla-

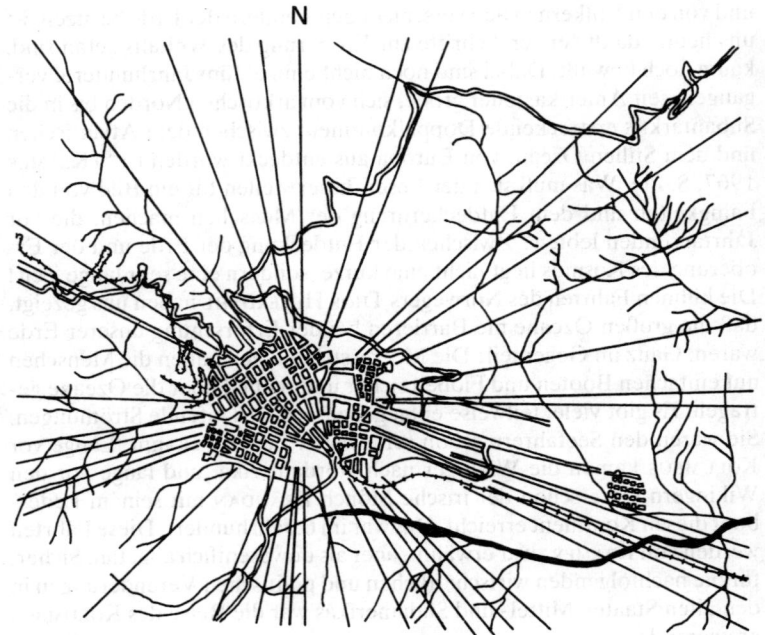

N

Abbildung 27
Die heiligen Linien der Inka. Ausgehend vom Sonnentempel in Cuzco verlaufen
41 heilige Linien in das Land. Sie waren vermessen und markiert worden.

gen vernichtet. Die Inkas betrieben Geographie, sicher stellten sie auch
Kartenher, denn das Nutzungsbedürfnis war hier genauso wie in anderen
Ländern vorhanden (vgl. Abb. 26). Sie arbeiteten altes geographisches
Wissen auf und erschlossen benachbarte Territorien. Das beweisen nicht
zuletzt die detaillierten geographischen Angaben im Bereich Südamerikas auf dem Fragment der Karte des PIRI REIS aus dem Jahre 1513.
Schließlich: Entdecker eines Gebietes waren doch immer die Menschen,
die als erste dorthin kamen. Die Entdecker der Osterinsel beispielsweise
waren gewiß nicht die Holländer unter der Leitung von ROGGEVEEN, sondern die ersten Siedler, die schon ungefähr 2000 Jahre vorher die Insel in
Besitz genommen hatten. Die Bewohner Feuerlands an der Südspitze
Südamerikas kannten ohne Zweifel die antarktische Küste eher und besser als die Europäer!

Zur Herkunft der geographischen Erkenntnisse kann zusammenfassend gesagt werden, daß die „Kundschafter" oft allein oder zu zweit reisten, ohne dabei in die Weltgeschichte einzugehen. Sie führten Erkundungen in fremden Ländern durch, ohne daß die dortige Bevölkerung groß von ihnen Notiz nahm. Aber auch bei großen und spektakulären Feldzügen oder Expeditionen wurden geographische Erkenntnisse gewonnen. Diese hingegen wurden vielfach überliefert und sind noch heute erhalten. Versucht man nun, eine Entdeckungsgeschichte allein anhand des Materials zu schreiben, welches bei historisch belegten Expeditionen gewonnen wurde, dann fehlt ein Großteil der Quellen!

Es ist demzufolge davon auszugehen, daß schon zu Beginn unserer Zeitrechnung den Kartographen genügend geographische Angaben zur Verfügung standen, um Karten der gesamten Ökumene zu zeichnen. Sicher wäre es denkbar, daß Archäologen bei weiteren Grabungen, zum Beispiel in der im Jahre 79 durch den Ausbruch des Vesuvs verschütteten Stadt Pompeji, weitere Karten oder geographische Informationen finden. Der Autor ist davon überzeugt, daß sie nur die geschilderte Situation bestätigen können.

Bis zum Publikwerden der PIRI-REIS-Karte in den fünfziger Jahren wurde von den Rätseln alter Erdkarten recht wenig gesprochen. Zwei Dinge hat die Kartographie damals nicht gebührend beachtet – die bei näherer Sicht doch bedeutenden geographischen Angaben auf den alten Blättern und die Neugier der Menschen. Auf einmal waren alte Karten wieder „in", nicht nur als Sammelobjekt, sondern als „Hinterlassenschaft" einer außerirdischen Intelligenz. Wie wir mit Sicherheit annehmen können, sind sie dies nicht! Wenn die alten Karten schon nicht von einem Besuch der Außerirdischen künden, von wem oder was künden sie dann? Die Antwort auf diese Kardinalfrage wurde mehrfach angedeutet. *Die alten Karten künden von der fleißigen Arbeit unserer Vorfahren.*

Damit wollen wir unseren Streifzug zu den antiken Kartographen und ihren Karten beenden. Er hat uns in ein großartiges Zeitalter geführt. Ein Zeitalter, in dem Kunst und Wissenschaft gleichermaßen blühten; ein Zeitalter, das natürlich nicht frei war von Fehleinschätzungen, aber auch nicht frei von Neid und Mißgunst. Die alten Karten stammen von Menschen, die uns in ihren Eigenschaften sehr ähnlich waren, die in der Mehrzahl der Fälle ihre ganze Kraft und ihr ganzes Wissen für die Sammlung und Erhaltung geographischen Wissens einsetzten und die sich viele Gedanken über den Aufbau des Kosmos und der Erde machten. Sie erkannten schon frühzeitig die Kugelgestalt unseres Planeten, erfuhren von den Schwierigkeiten bei der Verebnung der Kugeloberfläche und entwarfen die verschiedensten Projektionsverfahren. Die Darstellung der Ökumene gehörte zum Prestige der Herrscher. Sie ließen Karten unter Säulenhallen aufstellen und machten sie so der Öffentlichkeit zugänglich. Der beste und erfolgreichste Kriegsherr hatte die besten Karten und hütete sie wie seinen Augapfel. Durch die Wirren der Zeit, Brände, Kriege und Plünderungen sind heute fast alle alten Karten verschwunden.

Wenig ist erhalten geblieben, doch dieses wenige beweist uns das Können und die umfassende Sicht der alten Kartographen.

Weiterführende Literatur

AKCURA, Y.
Beiheft zum Faksimiledruck
der Piri-Reis-Karte. Istanbul 1933.

BAGROW, L.
Die Geschichte der Kartographie.
Berlin 1951.

BAMM, P.
An den Küsten des Lichts. Varia-
tionen über das Thema Aegaes.
Stuttgart/Hamburg 1961.

BAUMANN, H. W., u. M. SEURIG
Prähistorische Mathematik.
Bad Godesberg 1986.

BECKER, W.
Vom alten Bild der Welt.
Leipzig 1971.

BELTZ, R.
Der Steintanz von Boitin.
Rostocker Anzeiger. Rostock 1930
(Nr. 280 vom 30.11.1930).

BERGER, H.
Geschichte der wissenschaftlichen
Erdkunde der Griechen.
Berlin 1966 [Reprint der
Ausgabe Leipzig 1903].

BERGER, H.
Die geographischen Fragmente
des Eratosthenes. Leipzig 1980.

Bibel [Lutherübersetzung].
Berlin 1972.

BOCK, H.
Fakten und Argumente zur
archaischen Vermessung.
Frankfurt/M. 1988
[unveröffentlichte Arbeit].

BONACKER, W.
Kartenmacher aller Länder und
Zeiten. Stuttgart 1966.

BUSCHEK, M.
Die Bestimmung geographischer
Längen in der Antike – ein
Lösungsvorschlag. Kartographische
Nachrichten, 37, Bonn-Bad Godes-
berg 1987, 4, S. 143–146.

BUSCHIK, R.
Die Eroberung der Erde –
3000 Jahre Entdeckungsgeschichte.
Leipzig 1930.

CARTER, H.
Das Grab des Tut-Ench-Amun.
Leipzig 1950.

CARTER, H., u. A. C. MACE
Tut-ench-Amun. Ein ägypt.
Königsgrab. Entdeckt von
Earl of Carnarvon u. Howard
Carter. Leipzig 1927.

CARY, M., und E. H. WARMINGTON
Die Entdeckungen der Antike.
Zürich 1966.

CEBRIAN, K.
Geschichte der Kartographie.
Gotha 1923.

DIODORUS
Universalgeschichte [übersetzt von
A. WAHRMUND].
Stuttgart 1866–1869.

DRÖBER, W.
Kartographie bei den Natur-
völkern. Amsterdam 1964
[Neudruck der Ausgabe 1903].

DUKEN, A.J.
Die mathematische Rekon-
struktion der Portolankarte
des Giovanni Carignano
(ca. 1310). Bückeburg 1984.

EISENLOHR, A.
Ein mathematisches Handbuch
der alten Ägypter. Papyrus
Rhind. Leipzig 1877.

EKSCHMITT, W.
Das Gedächtnis der Völker.
Berlin [West] 1968.

ENGELS, F.
Dialektik der Natur.
Berlin 1961.

ERATOSTHENES
Geographicorum fragmenta
[Die geographischen Fragmente].
Amsterdam 1964 [Neudruck der
Ausgabe 1880].

FABRICIUS, E.
Der Tunnel des Eupalinos.
Mittheilungen des Deutschen
Archäologischen Institutes
in Athen, 9, Athen 1884.

FORBIGER, A.
Handbuch der alten Geographie.
Hamburg 1877.

FREIESLEBEN, H.-C.
Die Entstehung der Portolan-
karten noch immer ungeklärt
(Bericht). In: Kartenhistori-
sches Colloquium Bayreuth '82,
Vorträge und Berichte,
Berlin 1983, S. 91–96.

GALLEZ, P.
Das Geheimnis des Drachen-
schwanzes. Berlin [West] 1980.
Geschichte des wissenschaftlichen
Denkens im Altertum
[hrsg. v. F. JÜRSS].
Berlin 1982.

GISINGER, F.
Die Erdbeschreibung des Eudoxos
von Knidos. Amsterdam 1967.

Griechische Geschichte bis 146 v. u. Z.
[hrsg. v. H. KREISSIG]. Berlin 1982.

GROSJEAN, G.
Geschichte der Kartographie.
Bern 1980. [Arbeitsgemeinschaft
Geographica Bernensia, Reihe U, 8].

GROSJEAN, G., und R. KINAUER
Kartenkunst und Kartentechnik
vom Altertum bis zum Barock.
Bern/Stuttgart 1970.

GÜNGERICH, R.
Die Küstenbeschreibung in der
griechischen Literatur.
[= Orbis antiquus. 4.]
Münster 1950.

GÜNTHER, S.
Geschichte der Erdkunde.
Walluf/Nendeln 1978
[Reprint der Ausgabe 1904].

HAPGOOD, C.H.
Maps of the Ancient Sea Kings.
New York 1979.

HEIMBERG, U.
Römische Landvermessung.
Limitatio. Stuttgart 1977.

HENNIG, R.
Terrae Incognitae. Bd. 1–4.
Leiden 1936–39. Bd. 4,
2. Aufl. Leiden 1956.

HERODOT
Das Geschichtswerk. Leipzig 1956.

HERON
Schriften [Teilübersetzung
v. H. SCHÖNE u. a.]. Leipzig 1971
[Reprint der Ausgabe 1899–1914].

HERRMANN, A.
Die Seidenstraßen vom alten
China nach dem Römischen Reich.
Mitteilungen der k. u. k.
Geograpischen Gesellschaft,
58, Wien 1915, S. 472–500.

HERRMANN, A.
Die Erdkarte der Urbibel.
Braunschweig 1937.

HERTEL, P.
Der Boitiner Steintanz, Mannus,
Zeitschrift für Vor- und Frühgeschichte, 54, Bonn 1988,
3/4, S. 261–275.

HERTEL, P., u. G. KLÜGEL-HERTEL
Ungelöste Rätsel alter Erdkarten.
5. Aufl. Gotha 1988.

HERTEL, P., G. HERTEL, u. A. MÜLLER
Der Steintanz von Boitin –
eine Dokumentation. Tharandt
1981 [unveröffentlichte Arbeit].

HINKEL, F.
Überraschende Entdeckung im
Sudan: die 2000 Jahre alte
erste Zeichnung zum Bau einer
Pyramide. Das Altertum, 26,
Berlin 1980, 1, S. 29.

HOMER
Ilias und Odysse [übersetzt
v. J. H. Voss]. Leipzig o. J.

KAHLO, G.
Die Kenntnis der Erde im
Altertum.
München 1934.

KRÄMER, W.
Die Entdeckung und Erforschung
der Erde. Leipzig 1971.

KRÄMER, W.
Wunder der Welt. Leipzig/Jena/
Berlin 1981.

KRETSCHMAR, K.
Geschichte der Geographie.
Berlin/Leipzig 1912.

KUPČIK, I.
Alte Landkarten von der Antike bis
zum Ende des 19. Jahrhunderts.
Hanau/M. 1980.

Lexikon der Antike. Leipzig 1978.

Lexikon früherer Kulturen.
Leipzig 1984.

MANNERT, K.
Geographie der Griechen und
Römer. Bd. 1–10. Leipzig
1804–1831.

MILLER, K.
Die Peutingersche Tafel.
Stuttgart 1962.

MINOW, H.
Praxis Geometria. 5000 Jahre
Vermessungswesen. Der Vermes-
sungsingenieur, 27.
Wiesbaden 1976, 2,
S. 37–45.

MOLT, P. V.
Die ersten Karten auf Stein
und Fels vor 4000 Jahren in
Schleswig-Holstein und Nieder-
sachsen. Lübeck 1979.

NORDENSKIÖLD, A. E.
Faksimile Atlas to the early
history of Cartography with
reproductions. . . Stockholm
1889.

OBERHUMMER, E.
Hellas als Wiege der wissen-
schaftlichen Geographie. Wien/
Leipzig 1913. [= Mitteilungen des
Wiener Vereins der Freunde des
humanistischen Gymnasiums. 14.].

PANTENBURG, V.
Das Porträt der Erde.
Geschichte der Kartographie.
Stuttgart 1970.

PAUL, G.
Astronomie vor 5000 Jahren.
Frankfurter Allgemeine Zeitung,
Frankfurt/M. 1989
(Ausgabe vom 01.02.1989).

Paulys-Real-Encyclopädie der
classischen Altertumswissen-
schaft [neubearb. u. hrsg. v.
W. KROLL]. 20. Halbbd.
Stuttgart 1919.

PESCHEL, O.
Geschichte des Zeitalters der
Entdeckungen. Leipzig 1930.

PETERS, A., u. A. PETERS
Synchronoptische Weltgeschichte.
Frankfurt/M. 1952.

PETERS, K.
Die Dioptra des Heron, ein Lehr-
buch der Vermessungs- und
Instrumentenkunde aus der
Antike. Fluchtstab, 2, Düsseldorf-
Lohausen 1960, 1, S. 21–27, 2,
S. 48–50.

PLINIUS, S.
Die geographischen Bücher.
Roma 1972.

PLINIUS, S.
Historia naturalis. Bd. 1–3.
Leipzig 1881/82.

POLYBIOS
   Geschichte [übersetzt v.
   H. DREXLER]. Zürich/Stuttgart
   1961.
PTOLEMÄUS
   Handbuch der Astronomie
   [übersetzt von MANITIUS].
   Bd. 1 u. 2. Leipzig 1963.
PYTHEAS
   Über das Weltmeer.
   Weimar 1959.
RICH, A.
   Illustriertes Wörterbuch des
   Römischen Alterthums. Leipzig
   1984 [Reprint der Ausgabe 1862].
ROSHANSKI, I.
   Wissenschaften in der Antike.
   Moskau/Berlin 1986.
SCHILLER, F.
   Balladen. Berlin 1984.
SCHMIDT, F.
   Geschichte der geodätischen
   Instrumente und Verfahren im
   Altertum und Mittelalter.
   Stuttgart 1988 [Reprint].
SCHMITHÜSEN, J.
   Geschichte der geographischen
   Wissenschaft. Von d. 1. Anfängen
   bis zum Ende d. 18. Jh.
   Mannheim/Wien/Zürich 1970
   [= B. I.-Hochschultaschenbücher,
   363/363 a].
SCHOY, C.
   Längenbestimmung und Zentral-
   meridian bei den älteren
   Völkern. Mitteilungen der k. u. k.
   Geographischen Gesellschaft, 58,
   Wien 1915, 1/2, S. 27–62.
STEUERWALD, H.
   Weit war sein Weg nach Ithaka.
   Frankfurt/M. 1981.
STRABO
   Geographica. Bonn 1968.
UCAR, D.
   Über eine Portolankarte im
   Topkapi-Museum zu Istanbul.
   Kartographische Nachrichten,
   37. Bonn-Bad Godesberg 1987,
   6, S. 222–228.

UHDEN, R.
   Die antiken Grundlagen der
   mittelalterlichen Seekarten. In:
   Imago-Mundi, 1. Berlin
   1935, S. 1–19 [= Jahrbuch der
   Kartographie 1935].
WEISE, A.
   Landkarten, Entdecker,
   Konquistadoren. Gotha 1989.
ZAHN, J.
   Nichts Neues mehr seit Babylon.
   Hamburg 1979.
ZIMMERMANN, J.
   Die Entwicklung der Kenntnis
   vom Erdbild. Leipzig/Jena/
   Berlin 1963.

Verzeichnis geographischer Namen

Achaia	– Landschaft im Norden der Halbinsel Peloponnes
Agyrion	– auch Agyrium, heute Agira; Stadt auf Sizilien
Aksu	– Ort am Südrand des Tienschan in China
Alaital	– Tal zwischen Alai und Transalai
Alexandria Troas	– ehemalige Stadt südlich von Troas (Westtürkei)
Amaseia	– auch Amasia, Amasya; Ort in der Türkei
Apameia	– hellenistische Stadt in Syrien
Arausio	– heute Orange; Ort in der Provence (Frankreich)
Arbela	– auch Arbil, Erbil; Ort in der assyrischen Ebene zwischen den beiden Tigriszuflüssen
Artemision	– Kap und gleichnamiger Ort im Norden der griechischen Insel Euböa
Asyūt	– auch Asjut, Siut, Lykopolis; Stadt in Oberägypten (Wolfsstadt)
Augustodunum	– heute Autun; Stadt in Burgund (Frankreich)
Babylon	– auch Babel; Ruinenstätte am Euphrat südlich von Bagdad (Irak)
Bagrawija	– auch Begarawiya; Ruinenstätte südlich von Atbara (Sudan)
Beneventum	– heute Benevento; Stadt nordöstlich von Neapel (Italien)
Böotien	– auch Boitien, heute Voiõtia; Verwaltungseinheit in Griechenland
Borysthenes	– altgriechische Bezeichnung für den Dnepr
Brundisium	– heute Brindisi; Stadt in Apulien (Süditalien)
Bubastis	– Ort im Nildelta
Byzanz	– auch Byzantion, Byzantium, Constantinopolis, Konstantinopel; heute Istanbul (Türkei)
Chalkis	– Stadt auf der Insel Euböa (Griechenland)
Cinnamomgegend	– fiktive Landschaft im Süden Afrikas
Coliaci	– die Südspitze Indiens, heute Colchicus
Dacien	– auch Dacia, Dakien; ehemalige römische Provinz im heutigen Rumänien

Delos	– auch Delus, heute Dēlos; griechische Insel und Heiligtum
Delphi	– altgriechisches Heiligtum nahe der heutigen Stadt Delfoí am Südabhang des Gebirges Parnassós (Griechenland)
Dioskurias	– milesische Kolonie am Schwarzen Meer, heute Suchumi (Sowjetunion)
Dsungarei	– Beckenlandschaft zwischen Tienschan und Altai im Nordwesten Chinas
Ebla	– auch Tell Mardich; Ruinenstätte bei Numan (Westsyrien)
Edfu	– auch Apollinopolis Magna; altägyptisches Kulturzentrum in Oberägypten am westlichen Nilufer
Ekbatana	– Hauptstadt des Mederreiches; heute Hamadan (Iran)
Ephesos	– griechische Kolonie in Kleinasien, heute Ruinenstätte südlich von Izmir (Westtürkei)
Epirus	– auch Epiros, heute Epeiros; Landschaft in Nordwestgriechenland
Etrurien	– auch Etruria (Land der Etrusker), später Tuscia, Toskana; Gebiet in Oberitalien
Fucinersee	– Fucinus Lacus; ehemaliger See östlich von Rom
Gadeira	– auch Gades, heute Cádiz; Hafenstadt in Südspanien
Golf von Iskender	– Bucht von Iskenderun (Türkei)
Golf von Tongking	– auch Golf von Tonkin, Golf von Nordvietnam, Golf von Bacbo
Hadrianwall	– gegen die Skoten (Schotten) erbaute Grenzbefestigung zwischen dem Solway Firth und der Mündung des Tyne
Halikarnassos	– auch Halicarnassus; Ruinenstätte bei Bodrum (Westtürkei)
Hekatompylos	– die 100torige Hauptstadt der Parther; lag bei der heutigen nordostiranischen Stadt Shahrud
Hellespont	– heute die Dardanellen; Meerenge, die das Ägäische Meer über das Marmarameer und den Bosporus mit dem Schwarzen Meer verbindet
Heroonpolis	– von Ramses II. erbaute Stadt, welche den Kanal zum Roten Meer schützen sollte
Hispania	– römische Provinz, im wesentlichen heutiges Spanien
Iberien	– im wesentlichen das Gebiet des heutigen Spanien
Illyrien	– auch Illyris, Illyricum; römische Provinz auf dem Gebiet des heutigen Nordwest-Jugoslawien
Imaus	– auch Emodus Imaus, der heutige Himalaja
Insel der Seligen	– die Kapverden
Ionien	– Land der Ionier; im wesentlichen Küstenstreifen und Inseln im Bereich des Ägäischen Meeres
Isthmus	– Landenge bei Korinthos (Griechenland)
Jaxartes	– Bezeichnung für den Syrdarja

Judaea	– römische Provinz im Raum des heutigen Staates Israel und des palästinensischen Westjordanlandes
Kabaion	– heute Pointe du Raz; Felsenkap an der Atlantik- küste
Kampanien	– auch Campania; historische Landschaft und heutige italienische Region am Tyrrhenischen Meer
Kanaan	– biblische Landschaft im südsyrisch-palästinen- sischen Raum
Kap Ghir	– Landspitze nördlich von Agadir (Marokko)
Kap North Foreland	– Kap im Südosten von Großbritannien
Kappadokien	– auch Cappadocia; historische Landschaft im Zentrum Kleinasiens
Karaschahr	– heute Yanqi, Stadt südlich des Tienschan am See Bosten Hu (China)
Karategin	– Alaiski Chrebet; Gebirge im Süden der Kirgi- sischen SSR
Karien	– auch Karia, Caria; Landschaft im Südwesten der Türkei
Kaschgar	– auch Sule, heute Kashi/Kaxgar; Stadt am West- rand des Taklimakan (Westchina)
Kasion	– unbekannt
Kaspatyros	– Stadt im Lande der Paktyer namens Gandhara im heutigen Afghanistan, war Ausgangspunkt der Expedition des Skylax
Keltische Parokeanitis	– unbekannt
Kent	– Grafschaft in England
Kilikien	– auch Cilicia; Landschaft im Süden der Türkei
kimmerischer Bosporus	– Bosporus Cimmerius, heute Straße von Kertsch; Meerenge zwischen der Halbinsel Kertsch und der Halbinsel Taman
Knidos	– heutige Ruinenstätte im Südwesten der Türkei
Kappadokien	– Landschaft Kleinasiens im Westen des Pontischen Gebirges
Korinth	– heute Kórinthos; Stadt auf der Insel Peloponnes (Griechenland)
Kutscha	– heute Kuqa; Stadt südlich des Tienschan (Nord- westchina)
Kwenlun-Gebirge	– heute Kunlun Shan (Westchina)
Kyme	– auch Kymaios, Kolpos; einst von den Kumäern bewohnte griechische Stadt beim heutigen Neapel
Lade	– kleine Insel vor der ehemaligen Stadt Milet (Westtürkei)
Loulan	– unbekannt
Lucanien	– auch Lukanien, Landschaft in Süditalien
Lusitania	– römische Provinz, im wesentlichen heutiges Portugal
Lydien	– auch Luddu; ist der alte Name der Landschaften südöstlich von Smyrna (heute Izmir) im Westen der heutigen Türkei

Lykien	– auch Lykia, Lykaonia; historische Landschaft auf der Halbinsel Teke (Türkei)
Lysimacheia	– einstige Stadt auf der thrakischen Halbinsel
Maiotis	– Palus Maeotis; Asowsches Meer
Makedonien	– auch Mazedonien, Macedonia; historische Landschaft in Nordgriechenland
Mardonios	– unbekannt
Mare Cronium	– das Eismeer (im Bereich von Island)
Margiana	– historische Landschaft östlich des Kaspischen Meeres
Massagetenland	– Gebiet zwischen dem Kaspischen Meer und dem Aralsee
Massilia	– auch Massalia; das heutige Marseille
Mauretanien	– Staat im Nordwesten Afrikas
Mazedonien	– siehe Makedonien
Medien	– Landschaft zwischen dem Osttaurus und dem westlichen Teil des Hochlandes von Iran
Meer des Todes	– unbekannt
Megalopolis	– ehemalige Hauptstadt von Arcadia; Stadt auf dem Peloponnes
Memnonstadt	– wahrscheinlich Theben
Meroë	– ehemaliges Reich und gleichnamige Stadt (heute Ruinenstätte) im nördlichen Sudan
Mesopotamien	– historische Landschaft im Alten Orient zwischen Euphrat und Tigris
Messene	– Stadt im Süden des Peloponnes
Metapontion	– auch Metapontum, heute Bernalda in der süd-italienischen Region Basilicata
Misenum	– heute Miseno; Stadt in der italienischen Region Campania
Mykale	– Landzunge gegenüber der griechischen Insel Samōs
Nikäa	– auch Nikaia, Nice; Nicaea, heute Nizza
Ninive	– Ruinenstätte nördlich von Mosul (Irak)
Novum Comum	– heute Como; Stadt nördlich von Mailand
Numi	– unbekannt
Okelis	– auch Ocelis; Südspitze Arabiens
Ostimnierland	– eine Küste zwischen Spanien und England (unklar)
Ouessant	– Insel westlich von Brest (Frankreich)
Oxos	– Amudarja
Pamphylien	– auch Pamphylia; historische Landschaft an der Bucht von Antalya (Südtürkei)
Parthien	– Land der Parther; Gebiete südöstlich des Kaspischen Meeres (Nordostiran)
Patumos	– unbekannt
Peloponnes	– Halbinsel im Süden Griechenlands
Pelusinische Nilmündung	– östlichster Mündungsarm des Nils mit der Stadt Pelusium, einer ehemals von Sümpfen und Morast umgebenen Grenzstadt Ägyptens

Peripatos	– eine Wandelhalle im Schulkomplex des Lykeion in Athen
Phaistos	– einstige Stadt auf Kreta bei Moirai
Pharis	– Stadt südlich von Sparta auf dem Peloponnes
Phasismündung	– Mündung des Flusses Rioni bei Poti (ehemals Sebastopolis, Phasis) im Westen Georgiens
Philai	– auch Philae; ehemalige Nilinsel südlich von Assuan (Ägypten)
Phönikien	– auch Phönizien; historische Landschaft an der Mittelmeerküste Syriens und Libanons
Phrygien	– historische Landschaft südwestlich von Ankara
Plataiai	– auch Plataeae; antike Stadt von Böotien am Fuße des Kithairon südlich von Theben (Griechenland)
Pontos Euxeinos	– Bezeichnung für das Schwarze Meer
Ptolemais Hermii	– unbekannt
Pydna	– altgriechische Hafenstadt südwestlich von Saloniki (Griechenland)
Pylae Caspiae	– Gebirgspaß zwischen Medien und Hyrkanien
Salamis	– Insel westlich von Athen
Sardes	– ehemalige Stadt, heute eine Ruinenstätte östlich von Izmir in der Türkei
Sera	– Sera Metropolis; Stadt am Huang He, deren Lage nicht genau bestimmt werden kann (evtl. im Gebiet von Zhengzhou)
Serapeion	– Kultort für den Gott Serapis (hellenistisch-ägyptischer Unterwelts-, Fruchtbarkeits- und Heilgott)
Sestos	– äolische Kolonie am Hellespont
Sidon	– heute Saida; älteste phönizische Stadt an der Libanonküste
Sien	– heute Siena; Stadt südlich von Florenz
Solwaybusen	– Solway Firth; Bucht in der Nordirischen See (Nordengland)
Stabiae	– heute Castellammare di Stabia; Stadt in Kampanien südöstlich von Neapel
Stageiros	– auch Stagirus, Stageira, heute Staurós; Stadt im Osten der Halbinsel Chalkidike (Griechenland)
Steinerner Turm	– nicht mehr vorhandenes Bauwerk im westlichen Teil des Alaitales
Stoa	– Stoa poikile; an der Nordseite der Athener Agora errichtete Säulenhalle
Susa	– auch Elam; Ruinenstätte in Westiran
Syene	– heutiges Assuan am Nassersee (Ägypten)
Syrakus	– heute Siracusa; Stadt auf Sizilien
Tarentum	– heute Taranto (Tarent) in Süditalien
Taur	– auch Tauricus; die Halbinsel Krim
taurisches Chersonesos	– Gebiet nordwestlich des Schwarzen Meeres
Tell-el-Amarna	– auch Tall al-Amarna; altägyptische Ruinenstätte bei Mallawi

Terek-dawan	– Paß im Süden der Ferghana-Kette (Kirgisische SSR)
Thapsakos	– Kolonie der Phönizier am Euphrat im Bereich des heutigen Assadsees (Irak)
Theben	– auch Thebae; altgriechische Stadt in Achaia
Thermopylen	– auch Thermopylai; ein langer Paß, der auf der einen Seite von Sümpfen und dem Meere und auf der anderen vom höchsten Gipfel der Oeta (Oitē) gebildet wird (Griechenland)
Thessalien	– Landschaft in Griechenland
thrakischer Bosporus	– Bosporus Thracius, Straße von Konstantinopel, heute Bosporus; Meerenge zwischen Thrakien und Kleinasien
Thule	– imaginäre Landschaft; Island, Teile Norwegens oder eine Shetlandinsel
Tibilti	– unbekannt
Troas	– historische Landschaft in Kleinasien um die antike Stadt Troja (Westtürkei)
Turfan	– heute Turpan in Nordwestchina
Turkestan	– im wesentlichen die heutige Kasachische SSR
Tyne	– Fluß in Northumberland (Nordengland)
Tyros	– auch Tyrus; Ruinenstätte an der südlibanesischen Küste bei Sūr
Vetera	– römisches Legationslager am Niederrhein südlich von Xanten (Nordrhein-Westfalen)
Wadi Harran	– trockenliegendes Flußbett zwischen Akçakale an der heutigen türkisch-syrischen Grenze und dem Euphrat
Wight	– Insel vor der südenglischen Küste
Zagros	– Gebirge im heutigen Grenzbereich zwischen dem nördlichen Irak und dem Iran
Zimtküste	– imaginäre Landschaft im Raum des heutigen Somalia

Bildanhang

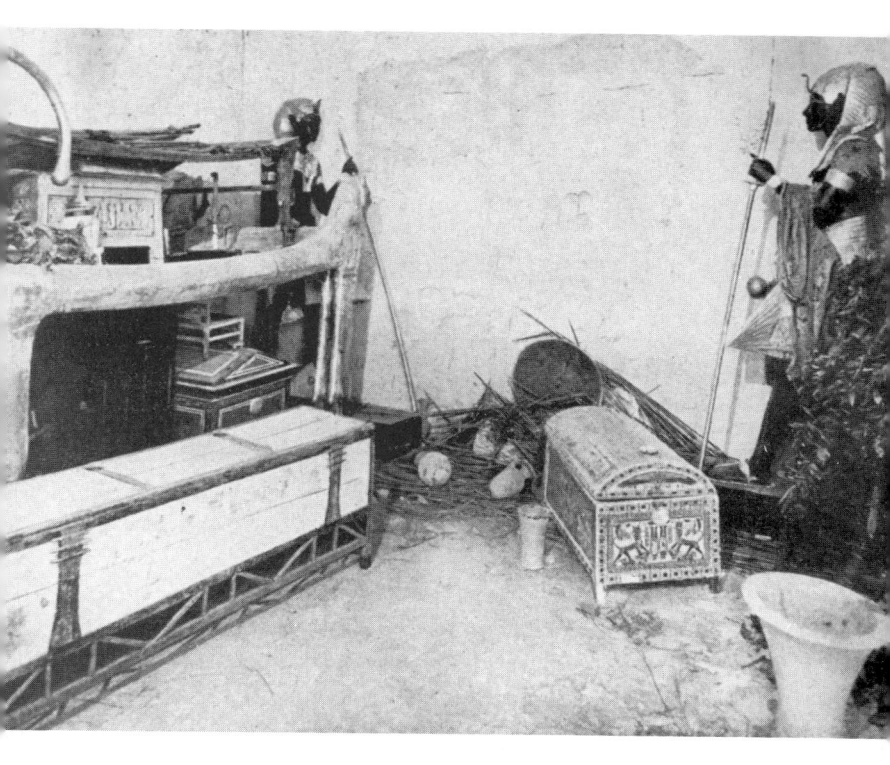

Foto 1
Die Vorkammer des Grabes von TUTENCHAMUN
(aus CARTER u. MACE 1927)

Foto 2
Antlitz des Pharaos TUTENCHAMUN (aus CARTER u. MACE 1927)

Foto 3
Die „forma" der Insula I aus Aquincum (dem heutigen Budapest). Der in Bronze
gegossene, senkrecht aufgestellte Plan zeigt einen Stadtteil der alten Römerstadt
(Foto: A. MÜLLER, Niederbobritzsch/DDR).

Auf den folgenden Seiten

Foto 4
Großer Boitiner Steintanz. Geheimnisvoll stehen die gewaltigen Steinkreise unter
alten Buchen (Foto: P. HERTEL, Tharandt/DDR)

Foto 5
Die „Brautlade" im Großen Steintanz von Boitin (Foto: P. HERTEL, Tharandt/DDR)

Foto 6
Der „Visierstein" im Kreis III des Großen Steintanzes von Boitin
(Foto: P. HERTEL, Tharandt/DDR)

Foto 7
Der Tunnel des EUPALINOS, Blick in das Innere (Foto: Deutsches Archäologisches
Institut, Athen/Griechenland)

Foto 8
Scharrbild auf der Hochebene von Nazca (Foto: M. REICHE, Lima/Peru)